JN254424

親子で学ぶ
スマホとネットを安心に使う本

知りたいことが **今すぐわかる!**

鈴木朋子 著
坂元章 監修

技術評論社

はじめに

日本で iPhone 3G が発売されたのは2008年。はじめは「これが電話!?」と戸惑った私たちも、いつの間にかスマホの持つ便利さと楽しさに夢中になっています。常にインターネットへつながる小さな機器は、地図や電車の乗り換えを調べたり、SNS（ソーシャルネットワーキングサービス）で友人の近況を知ったり、ゲームや動画で楽しめたりと、日常に欠かせないものになりました。

大人がスマホを楽しんでいる姿は、子どもの目に映ります。生活の中で興味を持ち、その魅力を知るのは自然な流れです。音楽を聴きながら友達とメッセージを交わしたり、年齢の近い子どもが踊る動画を見たり、子どもたちは子どもなりの使い方でスマホとインターネットを楽しんでいます。

スマートフォンに向かっていると、あっという間に時が経つのは大人も子どもも同じです。「その時間を勉強や睡眠に充ててほしい」と、親なら誰でも考えてしまうでしょう。「インターネットにあふれるアダルトコンテンツを見せたくない」「悪い人に出会ってだまされてしまうのでは」という不安から、子どもにスマホを持たせること自体を止めているご家庭もあると思います。

しかし、スマホとインターネットに触れずに過ごすことはもはや難しく、むしろその正しい使い方を大人も子どもも積極的に学ばなければならない時代になっています。

「学ぶ」というと大変な印象を持つかもしれませんが、スマホとインターネットは知れば知るほど生活を便利にし、楽しいこともたくさん呼び込むことができます。「よくわからないから禁止」ではもったいない、未来へとつながる入り口なのです。

この本では、スマホとインターネットを安全に使うために、注意すべき
ポイントをまとめました。スマホの使い方やインターネットの流行は
日々変わっていきます。筆者はITジャーナリストとして日頃から最新
情報を追いかけているため、この本にはイマドキのスマホ事情をたっぷ
り入れました。また、中高生の娘たちを持つ母親でもあるので、保護者
の気持ちに寄り添った内容になっていると思います。教育者としての観
点は、専門家の坂元先生に監修していただきました。高校生までのお子
さんを持つ親御さんを対象にしていますが、漫画やイラストでわかりや
すく説明していますので、お子さんにも楽しく読んでいただけます。

「インターネットやスマートフォンはITだから難しい」という印象を捨
てて、いつも身近にいる友達を知る感覚で学んでいただければと思いま
す。何が起きるか把握しておけば、漠然とした不安はすぐ解消されます。
この本で皆さんのご家庭に安心をもたらすお手伝いができれば、これ以
上の幸せはありません。

ITジャーナリスト　鈴木 朋子

本書の監修にあたって

お子さんのスマホやインターネットの利用について、心配しておられる親御さんは多いと思います。実際に、スマホやインターネットのトラブルはごくかんたんな操作をしただけで起こってしまうにもかかわらず、お子さんに長期にわたるダメージを与えてしまう可能性があります。一般に、子どもは将来に受けるダメージの大きさを過小評価する傾向があり、リスクのある行動をとってしまいがちです。親御さんは、そうした危険からお子さんを守らなければなりません。本書はこのような親御さんに対して、スマホやインターネットのトラブルの概要と、その防止方法を知っていただくためにまとめたものです。

子どもがスマホやインターネットのトラブルにもっとも巻き込まれやすいのは、デビューするとき、すなわち使い始めの時期とされています。この時期の子どもは、スマホやインターネットの危険についてまだ十分に認識していないことが一因と考えられます。このため、もっとも本書をお読みいただきたいのは、これからお子さんに単独でスマホやインターネットを使わせようと考えている親御さんなのです。スマホやインターネットの危険とトラブルについてお子さんに十分に伝え、利用のルールを作ってから使わせるのがよいと思います。

また、スマホやインターネットを使わせるにあたっては、最初のうちは用途、使ってよいアプリ・機能、アクセスしてよい Web サイトなどを制限するとよいでしょう。そして、お子さんが慣れてゆくにつれて、使ってよい範囲を少しずつ拡大していきます。たとえば、最初のうちは Web サイトの閲覧だけを許可して、その後に人とのコミュニケーションを認めるようにします。そのコミュニケーションも、まずは家族内に限定すると安心です。次の段階で知人のグループ内でのコミュニケーションを許可し、最終的に知らない人とのコミュニケーションまで認めます（子どもたちのインターネット利用について考える研究会）。

4

このようにすれば、子どもは安全な環境の中でスマホやインターネットを活用でき、同時にトラブルを避ける力を伸ばすことができます。反対に、未成年の間はスマホやインターネットを禁止して、成人したらいきなり無制限で使わせるほうが危険です。このような、段階的な活用による学習は必要だと考えられます。

段階的な活用を実現するためには、フィルタリングやペアレンタル・コントロールの機能を使う、家庭内のルールを作るなどの方法があります。これらを利用しながら「安全」と「活用」を両立できれば、それは素晴らしいことだと思います。そのためには、スマホやインターネットのトラブルとその防止方法などについて、ある程度は詳しく知っている必要があります。本書がそのための一助になればと願っています。

最後に申し上げたいのは、「親御さんがスマホやインターネットを利用する際の姿勢が大切である」ということです。たとえば、親御さんが「ながらスマホ」を続けていたら、お子さんが長時間スマホを操作しているときに注意しても、説得力がなくなってしまいます。お子さんが適切にスマホやインターネットを使うことを望むのであれば、親御さん自身がその模範を示す必要があるのです。

お子さんのスマホやインターネット利用について心配されている親御さんにとって、本書が少しでも役立つものになればと祈り上げています。

お茶の水女子大学　坂元章

ある日の
伊東家の
朝食タイム

いよいよあおいも
中学生だな

いつのまに
こんなに
大きく
なって…

ホロリ…

感動とか
いいからさ

お祝いに
スマホ
買ってよ♪

ドライなとこ
ママに
似てきたな…

ちょっと前まで
「パパ、パパ」って
うるさかったのに…

何年前の話
してんの？

パパはあおいが
大人になるのが
さびしいのよ

スマホねぇ～
まぁそろそろ
いいかもな…

**ダメダメ
まだ早いわよ!!**

だって
友だちはみーんな
持ってるよ！

よそはよそ！
うちはうち！

6

でしょ？
実は私もよく
わからないのよ

ネットで買い物とか
してみたいけど
詐欺にあいそうで
怖いし…

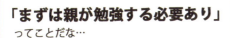

「まずは親が勉強する必要あり」
ってことだな…

あっ、そうだ！

エT
ジャーナリスト

近所の鈴木さん

グッド
アイデア♪

近所の鈴木さん
がITに詳しいから
家族みんなで教えてもらおうか！

ちょっとママ
図々しくない？

大丈夫よ！
善は急げで
お願いしてくる！

ママ、一度
言い出したら
きかないもんね…

とりあえず
乗っとくか…

ああなったら
止まんないよ

かくして
伊東家の勉強が
始まるのであった！

CONTENTS

目　次

第1章 スマホとネットの
基本について理解しよう！

第2章 ネット上の危険な情報に
注意しよう！

第3章 SNS＆メールのトラブルから身を守ろう！

第4章　お金のトラブルを防止しよう！

第5章　ネットのやり過ぎとマナーについて考えよう！

第6章　著作権やセキュリティに気をつけよう！

主な登場人物

パパ

伊東家の父。あおいにスマホを持たせるにあたって、いろいろ心配しているサラリーマン

ママ

伊東家の母。子育てに奮闘しつつ、食べることに目がない専業主婦

あおい

伊東家の長女。進学のお祝いにスマホを買ってもらってウキウキだけど、いろいろ悩む中学1年生

はると

伊東家の長男。タブレットでYouTubeを見るのと、ママのスマホでゲームをするのが大好きな小学3年生

鈴木さん

伊東家の近所に住むITジャーナリスト。スマホ＆インターネットの接し方について、いろいろ教えてくれる

第 **1** 章

スマホとネットの基本について理解しよう!

さっきから
いったい何を
怖がってんの？

父親が
娘の心配して
何が悪いんだ！

大げさなのよね
たかがスマホで…

なんだ
その態度は！
宿題は
終わったのか！

ハァ〜…

ちょっと待った!!

ドーン!!

すっ…
鈴木さん!?

怖い怖いと
言ってる
だけじゃ
ダメです！

インターネットは
正しく使えば
それほど怖くない！

ほら！
パパ聞いた？

ふーむ…

まずは
ネットのしくみを
ちゃんと知ること！

そして、安心して
スマートフォンを
使えるようになる
ことが大切です！

キラーン!!

おお〜♡

01 インターネットって そもそもなに？

スマホは電話よりもパソコンに近い機器だといわれています。その理由の1つは、スマホが「インターネット」につながるからです。たとえば、スマホで撮影した写真や知り合いの情報を登録したアドレス帳は、スマホの中に保存されています。一方、メールや Web（ウェブ）サイトはインターネットを経由して、スマホの外にあるコンピューターやその先にある別のスマホにつながることで利用できます。

スマホをインターネットにつなげるためには、携帯電話会社と通信契約を結びます。これによって、==スマホは電波で携帯電話会社の基地局につながり、携帯電話会社のサーバーを経由してインターネットにつながる==ようになります。自宅や会社では「Wi-Fi」と呼ばれる無線 LAN に接続しますね。その場合は、固定電話回線や光回線などを利用して、契約したインターネット接続会社（プロバイダー）のサーバーを経由してインターネットにつなぎます。この場合、「無線ルーター」という機器を経由してインターネットを利用することになります。

かんたんにいうと、==インターネットは世界中のコンピューターをつなぐネットワーク==です。もとは軍事目的で開発されたもので、1969年、4台のコンピューターを電話回線で結び、1台が破壊されても残りで稼働するようにした「ARPANET」（アーパネット）が始まりです。そこから国境を越え、クモの巣状にネットワークが広がり、現在のインターネットの形になりました。インターネットは中心となるコンピューターがあるわけではなく、また決まった管理者がいるわけでもありません。==利用する人たちがそれぞれ自由に使えるネットワーク==なのです。

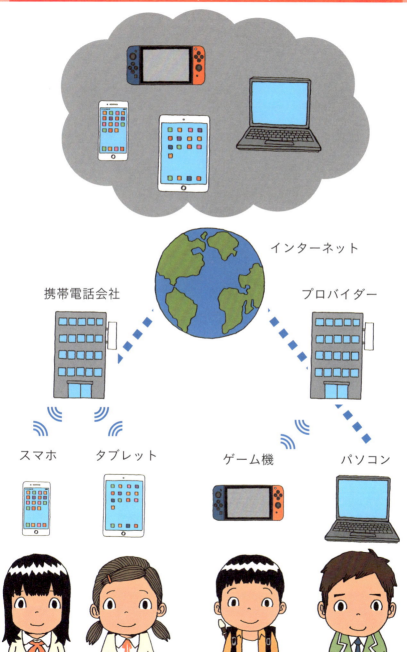

インターネット

携帯電話会社　　　　　　　　　　　　プロバイダー

スマホ　　　タブレット　　　　　ゲーム機　　　パソコン

07

インターネットに
つながるものは？

前節では、スマホがインターネットにつながることをお話しました。私たちの周りには、ほかにもインターネットにつながっている機器があります。

たとえば、スマホより画面サイズが一回り大きい「**タブレット**」や「**パソコン**」はすぐ思いつくでしょう。また、「**ゲーム機**」もインターネットにつながり、ゲームソフトのダウンロードやWebサイトの閲覧などができます。「**音楽プレーヤー**」もインターネット経由で曲をダウンロードしたり、アプリを利用したりできます。また、テレビや冷蔵庫などの「**家電製品**」もインターネットにつながるようになりました。このように、**さまざまな製品がインターネットにつながることを「IoT（Internet of Things／アイオーティー）」といい**、現在もっとも注目されているしくみです。

これらの機器がインターネットにつながると、便利なことがいろいろあります。たとえば、私たちがスマホで調べる電車の発車時刻や外出先の地図などの情報は、すべてインターネット経由で表示されています。また、近所の店では手に入りにくい商品をネットショッピングで取り寄せたり、オンラインバンキングで家にいながらお金を振り込んだりもできますね。音楽プレーヤーでダウンロードすれば、新曲も手軽に視聴できます。ゲームの得点をインターネット越しの仲間と競い合い、メッセージで会話することもできます。最近では、外出先から家の照明を点灯したり、テレビの録画予約をしたりできるようになりました。インターネットのおかげで、私たちの暮らしはどんどん快適になっています。

インターネットにはさまざまな機器がつながる

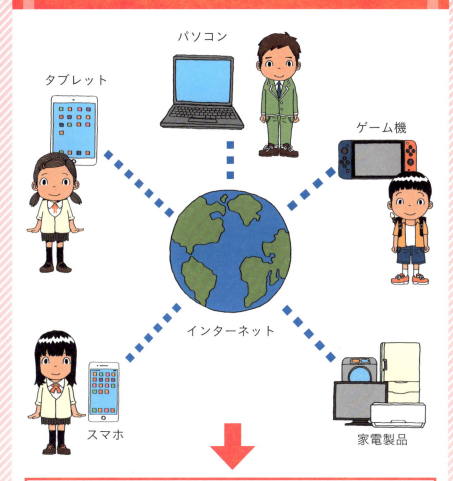

タブレット

パソコン

ゲーム機

インターネット

スマホ

家電製品

■ インターネットにつなぐと、こんなことができる

・電車の時刻表を調べる
・外出先の地図を表示する
・地元の天気予報を確認する
・オンラインバンキングで入金する
・好きな曲を購入してダウンロードする
・ネットでゲームをプレイする
・外出先から家の家電製品を操作する

03 SNSってどういうもの？

 保護者の皆さんは「Facebook（フェースブック）」や「Twitter（ツイッター）」を使っていますか？　人と人とをつなげて交流する場を作るこれらのサービスは、「SNS（Social Network Service／エスエヌエス）」または「ソーシャル・ネットワーキング・サービス」と呼ばれています。SNSを利用するには、自分専用のアカウントを登録して、顔写真や自分を紹介する文章を入力します。会員制の有料SNSもありますが、ほとんどのSNSは誰でも無料で利用できます。よく利用されるSNSのうち、「Facebook」は本名でアカウントを登録することが基本で、実際の知り合いと「友達」としてつながり、自分や友達の投稿に「いいね！」やコメントをして交流します。「Twitter」は匿名で登録する人が多く、140文字の「つぶやき」を投稿します。ユーザーどうしの交流も行われますが、情報収集の手段として利用している人も多く見られます。「LINE（ライン）」はメッセージのやりとりを中心としたアプリですが、「タイムライン」というSNS機能で広くゆるい交流もできます。写真を通じて交流する「Instagram（インスタグラム）」も、若い女性を中心に人気が急上昇しています。

SNSは人との新たな出会いが生まれる、遠くに住む友人の近況をリアルタイムで知ることができるなど、人との交流がますます楽しくなるサービスです。その一方、友人の動向が気になって1日に何度もSNSを見てしまう「SNS依存」や、SNSのやり過ぎで精神を消耗する「SNS疲れ」などが問題になっています。SNSとどのように向き合うかは、大人でも悩みが尽きないところです。自分たちのペースや接し方を子どもと一緒に考えたいですね。

うまく利用すると……
・人と交流できる
・いろいろな情報が
　得られる

やりすぎると……
・SNS 依存
・SNS 疲れ

04 ネットの情報は世界中に公開される

 インターネットは世界中につながっています。遠い海外の国でつぶやかれた投稿がすぐに自分のスマホに表示されて、遠い場所で開催されているイベントの生中継を鑑賞することもできます。欲しい商品が近所で販売されていなくても、ネット通販やメールで購入できます。インターネットは調べものにも最適で、あまり世の中に知られていない情報についてでも、その元になったニュースや資料を直接見ることができます。

インターネットは情報を受け取るだけでなく、誰でも情報を発信できます。自分の思いをブログに書いたり、貴重な瞬間を捉えた写真を SNS に投稿したりと、思いついたらすぐに情報を届けることができるのです。インターネットはこんなに便利でありながら、スマホの契約をすれば無料で利用できます。また、その特長を活かしたサービスもたくさん提供されています。

ところが、インターネットを利用する人がすべて善人とは限りません。中には、インターネットを利用して詐欺などの犯罪を企んでいる人、個人的な恨みで他人をおとしめようと考えている人など、悪い人もいます。そういう悪い人たちにとっても、インターネットは便利な道具なのです。

つまり、インターネットはとても便利で私たちの生活を豊かにする一方で、トラブルに巻き込まれる危険性も持っているのです。ことによっては国内に留まらず、世界規模の問題になる可能性もあります。大げさに感じるかもしれませんが、インターネットが世界中につながっていることを常に頭に置いておきましょう。

インターネットは悪い人につながる可能性もある

いい人もいれば……

悪い人もいる！

05 ネットに流出した情報は消せないよ

 インターネットは世界中のコンピューターをつないだネットワークです。さらに、スマホやパソコンがつながり、無数の機器が接続されています。もしそこに、人に見られたくない情報や画像が投稿されてしまったら、どうなるでしょうか。

2013年10月に「三鷹ストーカー殺人事件」という痛ましい事件が発生しました。被害者の女子高生は犯人にストーキングされて、最終的に命を奪われてしまいました。この事件では、女子高生が「リベンジポルノ」の被害にもあいました。

リベンジポルノとは、別れた恋人や配偶者のわいせつな写真を本人の同意なくインターネットなどで拡散する行為です。犯人は、交際中に撮影した被害者の画像や動画をアメリカの動画サイトに投稿しました。事件後にそれらが発見され、あっという間にインターネットで拡散されました。こうなると、その画像や動画を完全に消すことは不可能です。画像や動画の投稿サイトを運営する会社に申請すると削除してもらえる場合もありますが、その画像や動画を見た人がスマホやパソコンに保存している可能性があります。それらをすべて確認して削除することはできないのです。

わいせつ画像でなくても、==自分が投稿した大切な画像や動画、文章などは、一度インターネットに載せたら誰かに保存されてしまう==かもしれません。そして、==断りもなくどこかに投稿される==可能性もあるのです。

26

写真や動画をアップロードするときは慎重に！

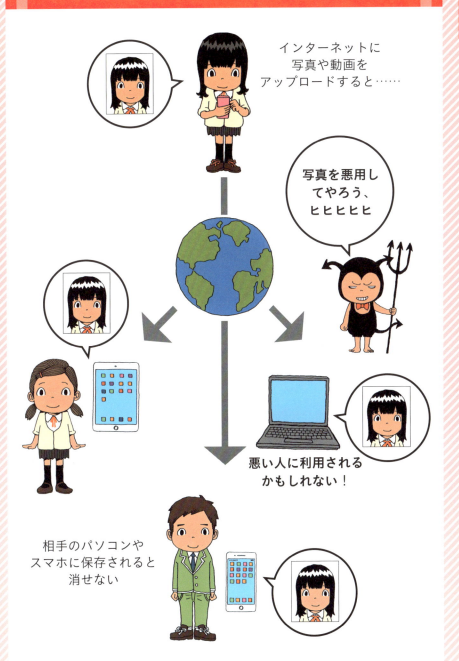

ネットの匿名性は
思ったより高くない

 インターネットには匿名で投稿できる場所がたくさんあります。掲示板やニュースサイトのコメント欄には、本名を明かさずに毒のある文章を書いている人がいますね。また、匿名でTwitterのアカウントを作り、有名人のアカウントに文句をつけている人も見かけます。このような人たちは、自分が誰なのかを知られることはないと考えて、自由に発言しています。

しかし、**インターネットで匿名の投稿をしても、すぐに本人が特定されてしまうケースは多い**のです。とくにTwitterでは、プロフィールの内容やフォロー、フォロワー、過去の投稿などから、住んでいる地域や年齢が割り出されることがあります。プロフィールに本名を書いていなくても、アカウント名のアルファベットに本名を入れていたり、Facebookなど他のSNSに痕跡があったりすると、照らし合わせて顔写真や家族構成まで判明してしまいます。過去には、Twitterで問題発言を繰り返していた国家公務員が特定されて、処分を受けたことがありました。このような「身バレ」は、インターネット上で身元の特定を趣味にする「特定班」と呼ばれる人たちによって、たった数時間で行われます。また、匿名で投稿できる掲示板などでも、正当な理由で情報開示請求が行われれば、警察により個人が特定されます。

また、掲示板では自分に非がなくても、**いわゆる「炎上」騒ぎに巻き込まれる可能性**もあります。インターネットは自由な空間と思いがちですが、現実の世界とごく近い場所だと考えましょう。

意外に低いインターネットの匿名性

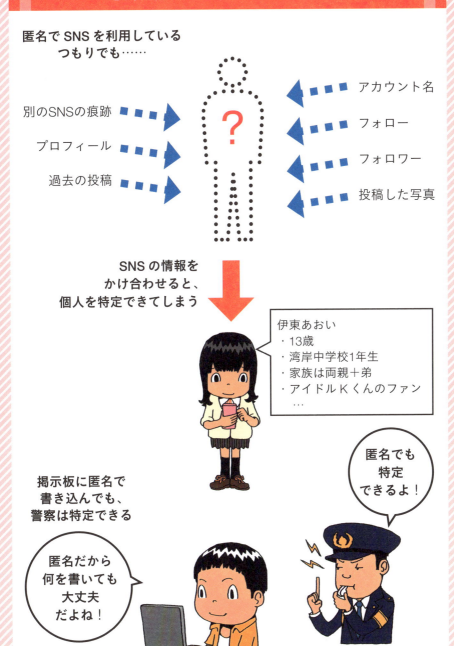

匿名で SNS を利用している
つもりでも……

別のSNSの痕跡

プロフィール

過去の投稿

アカウント名

フォロー

フォロワー

投稿した写真

SNS の情報を
かけ合わせると、
個人を特定できてしまう

伊東あおい
・13歳
・湾岸中学校1年生
・家族は両親＋弟
・アイドルKくんのファン
　…

匿名でも
特定
できるよ！

掲示板に匿名で
書き込んでも、
警察は特定できる

匿名だから
何を書いても
大丈夫
だよね！

ネットには悪意のある人もいるんです

　私たちは普段の生活で、犯罪者に出会うことはほとんどありません。もし出会ったとしても、知らない人に話しかけられて、いきなり心を開くことはしないでしょう。相手の姿や話し方などから人物像を推測し、「この人は信用できる」と判断してから交流が始まるのが普通です。

一方、<mark>インターネットでは相手の姿が見えません</mark>。掲示板やSNSなど、文字だけのコミュニケーションではうそをつくこともかんたんです。実生活でお金をだまし取る詐欺は難しくても、インターネットなら身分を偽ることでたやすくできてしまいます。

このようなインターネットの性質を利用した犯罪も増えています。たとえば、同じ年代の女子を装って女子高生に近づく犯罪者がいます。ちょっとした好奇心から、知らない人と出会える「出会い系サイト」を利用したら、マルチ商法に勧誘されたというケースもあります。また、LINEで「有料スタンプをあげる」と話しかけられた小学生が、自身の裸画像を送ってしまった事件もありました。犯人の男は逮捕されましたが、自分の画像をどう扱うのか、小学生には想像できなかったのでしょう。

これらの事件は、インターネット経由でなければ発生しなかったと考えられます。インターネットで交流している相手の情報は、通常はわずかしか得られません。知り合ったアプリでブロックされてしまうと、相手を探せないこともあります。<mark>インターネットで交流する相手の人となりは、実際に会うときよりも慎重に判断</mark>しましょう。

こんにちは！
わたしはあなたと
同じ中学1年生の
女の子です。

SNSで
同じ年齢の子どもを
名乗っていても……

あなたの名前は？
どこに
住んでいるの？
通っている学校は？

同年代の
女子のふりを
してやろう、
ヒヒヒヒヒ

実際は子どものふりをした
悪い人かもしれない

08

ネットの情報が正しいとは限りません

インターネットを使うと、世界中の Web サイトを見ることができます。何か調べたいことがあるとき、私たちは Google や Yahoo！ JAPAN などの検索サイトを使ってインターネットを「検索」しますね。すると、関係する Web サイトが表示されて、それぞれのサイトから知識を得ることができます。

このとき、検索結果の上位によく表示されるのが「Wikipedia」です。Wikipedia は「インターネットの百科事典」を目指して、有志によりボランティアで編集が行われているサイトです。すっきりとまとまっており、いろいろと正しい情報が書かれているように見えますが、その**信ぴょう性は高いとはいえません**。なぜなら、新聞や書籍・雑誌などと違い、Wikipedia では**専門家や責任者による内容のチェックが行われていない**からです。

Wikipedia 以外のサイトでも同様のケースがあります。ほかのブログや SNS の内容を恣意的にまとめた「まとめサイト」や、「芸能人の裏情報」などの目を引くタイトルの Web サイトは、**そのサイトを作った人の個人的な考えや意見で構成されているケースがほとんど**です。このように、インターネットで見つけた情報の真偽は、かんたんには判別できないのです。

とはいえ、インターネットには正しい情報・役立つ情報もたくさんあります。**あふれる情報の中から、正しい情報を選べる力**を身につけたいですね。お子さんがインターネットに触れるようになったら、アドバイスしてあげましょう。

正しい情報を選べる力を身につけよう

インターネットでは
いろいろな人が情報を発信する

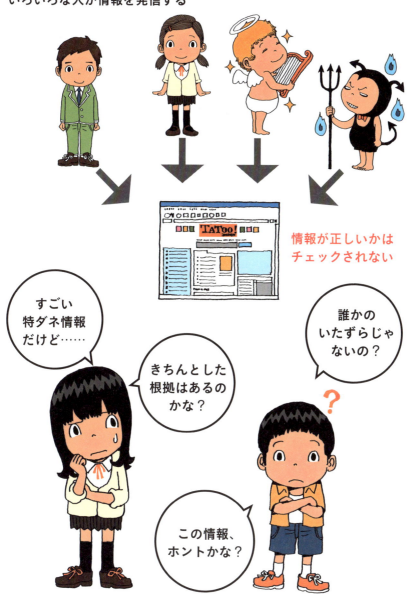

情報が正しいかは
チェックされない

すごい
特ダネ情報
だけど……

きちんとした
根拠はあるの
かな？

誰かの
いたずらじゃ
ないの？

この情報、
ホントかな？

ネットやスマホを
禁止すればいいの？

インターネットはうその情報が多くて犯罪者と出会う危険性すらある……となれば、いっそのこと子どものインターネット利用を禁止したいと考えるのが親心でしょう。スマホを与えるのも、できるだけ先に引き伸ばしたくなります。

しかし、これだけインターネットが当たり前になっている世の中で、**子どもをインターネットから完全に遮断するのは現実的ではありません**。子どもは授業でインターネットを使って調べものをしたり、パソコンやタブレットを使ったIT教育を受けたりしています。何よりも親がスマホを触り、友人と交流し、ゲームを楽しんでいる様子を見ています。また、「子どもたちのインターネット利用について考える研究会」が2017年に発表した調査結果によると、1歳児の約4割、3歳児の約6割が、写真・動画の閲覧やゲームなどの用途で、スマートフォンなど情報通信機器の利用経験があったそうです。もはや、**子どもがインターネットやスマホに触れないことは難しく、むしろ向き合い方を教えることが親の役目**なのです。

在校中にスマホを学校に預けている横で教師がスマホを使っていたり、親がスマホゲームに夢中になっていたりするのでは、子どもの反発を招くばかりです。インターネットやスマホで起きるトラブルは、きちんと対応すれば大幅に減らすことができます。トラブルを恐れて、インターネットで得られる知識や有意義な交流を取り上げてしまうのは、もったいないことです。親がはじめてスマホを手にしたときのワクワク感は、子どもにだってあります。親は子どもを手引きする役割になりましょう。

禁止するのではなく、ネットの正しい使い方を身につけさせることが大切

■ 未就学児童の端末利用率

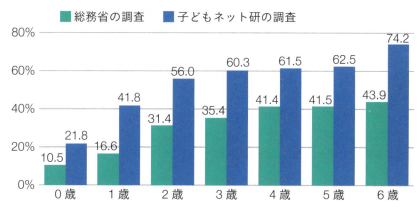

■ 総務省の調査　■ 子どもネット研の調査

年齢	総務省の調査	子どもネット研の調査
0歳	10.5	21.8
1歳	16.6	41.8
2歳	31.4	56.0
3歳	35.4	60.3
4歳	41.4	61.5
5歳	41.5	62.5
6歳	43.9	74.2

＊子どもたちのインターネット利用について考える研究会（子どもネット研）による「未就学児の生活習慣とインターネット利用に関する保護者意識調査」の結果より（https://www.child-safenet.jp/activity/2657/）

親は子どもが正しく
インターネットに接するための
手引きをする

親が子ども向けの動画を見せているとか？

こんな小さい子どももネットを見るのかな？

親がインターネットとの正しい向き合い方を手引きしよう

親も勉強することが大切です

　スマホを子どもに持たせるとき、親はなんとなく不安を感じます。スマホに夢中になって勉強がおろそかになるのではないか、視力が低下してしまうのではないか、LINEでいじめにあうのではないか、危険な人と出会ってしまうのではないか、有害な情報に触れてしまうのではないか、高額な課金をしてしまうのではないか……などが挙げられますね。

　勉強や健康面の管理は別として、==LINEや課金に関する不安はITの知識を深めれば解決==できます。「わからない」という事実が何より不安を高めるのです。また、スマホについて理解していない親には、子どももスマホの悩み相談しません。

　ここで有効なのは、==親もスマホやインターネットを積極的に活用して、その便利さや楽しさを体感する==ことです。もちろん、長時間使うことは子どもの手前避けるべきですが、LINEやTwitterなど、子どもが好きなサービスはまず親が使ってみることが大切です。LINEのグループではメッセージを送るタイミングが難しいとか、抜けるきっかけがつかめないなど、自分でやってみれば気づくことがたくさんあるでしょう。

　友人があまりスマホを使っていないようなら、家族で使うこともおすすめです。普段は子どもが話さないようなことでも、LINEなら報告してくれる場合もあります。YouTubeで流行っている動画があったら、子どもと一緒に見ても楽しいですね。==スマホやネットをただ怖がるのではなく、親が一緒に学ぶ姿勢を見せる==と、子どもとの距離もぐっと縮まります。

親も SNS を使ってみて、どんなサービスかを知ることが大切

 今日の晩ご飯なに？

あおいの大好物のから揚げよ

 やったー！　ママ大好き♡

早く帰ってきて手伝って〜

 手伝ったらはるとより
から揚げ多くしてくれる？

はるとも手伝うっていってるよ
（笑）

11 親の名前は検索される

 本書はインターネットやスマートフォンに詳しくない方をメインに解説していますが、「私はインターネット歴20年！」というネット熟練の方もいると思います。パソコン通信時代からインターネットに慣れている方も、この機会にかつてホームページやブログ、**SNS で自分が発信した内容を見直す**ことをおすすめします。その理由は、子どもがインターネットで親の名前を検索することがあるからです。「パパ（ママ）は SNS をやってないよ」といっても、子どもは名前やニックネームで親のアカウントを探します。学校の授業でパソコンを使うときも、1人が検索するとほかの子もまねをします。そのとき、「若気の至りの武勇伝」や「恋愛の話」などを見つけられると、親として気恥ずかしいですね。政治や宗教の熱い発言なども、法律上は問題なくても、子どもは自分が知らない親の一面を見てショックを受ける可能性があります。Twitter で好みの女性に「いいね」を連発した、Facebook で知り合いとケンカしたなど、過去の痛い痕跡をどこで見られるかわかりません。**それらを見直して、消せるものは消して**おきましょう。

また、家族で共有するパソコンやタブレットは同じアカウントで利用して、**子どもの利用状況を親が確認できる状態にする**のが理想です。その際、「お気に入り」や履歴などから、親の趣向を子どもに知られる可能性があるので、**履歴や文字入力の学習データを初期化してから使わせる**と安心です。

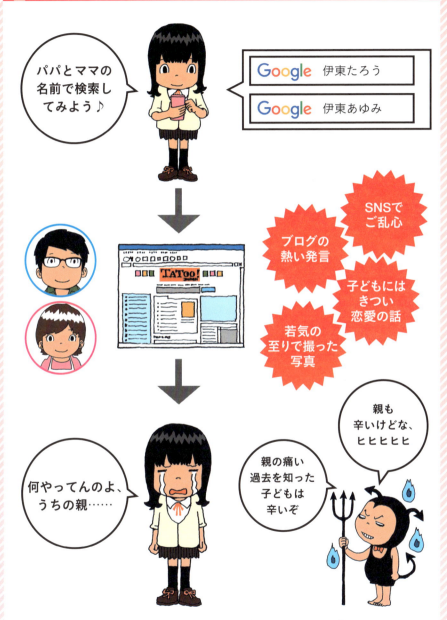

過去に発信した内容を確認して、消せるものは消しておこう

対策案 1
インターネットのオン／オフの違いを見せる

スマホはいつでもインターネットにつながるため、ユーザーはいつネットを使っているのかを意識する機会がありません。そこで、スマホで利用できる機能のうち、**どれがインターネットのサービスで、どれがそうではないのかを子どもに見せる**と、頻繁にネットを使用していることが理解できます。

スマホの場合は「機内モード」に変更することでWi-Fi接続をオフにし、パソコンやタブレットもWi-Fi接続をオフにして使わせてみます。これによって、つながらないサービスはネットから情報を得ているということを実感することができます。ゲームアプリがインターネットにつながっていることなど、意外な発見があるでしょう。

機内モードのオン／オフを切り替える

Android の機内モード

ステータスバーを下方向にドラッグして表示する「ステータスパネル」や〈設定〉アプリからオン／オフを設定する

iPhone の機内モード

〈設定〉アプリの「機内モード」をタップしてオン／オフを設定する

対策案2
Twitterで子どもが通う学校名を検索する

現在の子どもたちの世代では、ネットとリアル（現実）の世界は切り離せないということをある程度は理解しています。しかし、その情報がどこまで見られているのかは、ピンと来ていません。

そこで、**子どもが通っている学校名など身近なキーワードを検索して、その画面を見せましょう**。とくにおすすめなのはTwitterです。スマホのブラウザでTwitterの画面を表示し、検索欄に学校名を入力して検索すると、同級生や先輩のアカウントが見つかります。これによって、他人でもかんたんに自分のことを探せるうえ、定期的に監視される可能性があることを認識させましょう。

Twitterで子供の学校名を検索する

学校名で検索すると、同級生や先輩の情報がたくさん見つかるね

これって、私も監視される可能性があるということじゃん

LINEの「知り合いか
も?」のしくみ

LINE の「知り合いかも?」に、知らない人が表示されることがあります。「知り合いかも?」に表示されるのは、「自分は友だちに追加していないけれど、相手が自分を追加している」という人です。

なぜ友だちに追加されたのか知りたいときは、「設定」画面の「友だち追加」を表示すると、「知り合いかも?」に表示されたアカウントの下に「電話番号で追加されました」などの理由が表示されます。空白の場合は、同じグループに入っているので友だち追加された、もしくはトークルームで共有された「連絡先」から友だち追加されたというパターンです。電話番号で追加されている場合、以前あなたの電話番号を使っていた人の関係者や、適当に電話番号を入力して電話帳に登録し、アカウントを探しているケースが考えられます。反対に、自分が友だち追加していても、相手が友だち追加していない場合は、相手の「知り合いかも?」に自分が表示されることになります。

このような事態を防ぐには、「設定」の「友だち」にある「友だち追加」と「友だちへの追加」をオフにしましょう。さらに、「設定」の「友だち」にある「ID で友だち追加を許可」をオフにしておくと安心です。

なお、「知り合いかも? に表示されたから連絡しちゃった」などとトークを送ってくるスパムアカウントがありますが、この場合は迷わず「通報」をタップしましょう。出会い系や詐欺などに勧誘するアカウントの活動を止めることができます。

第2章

ネット上の危険な情報に注意しよう！

じゃあ嘘か本当かどうやったらわかるの？

ネットで気をつけなきゃいけないのはそれだけじゃないぞ！

知らないうちに**犯罪に巻き込まれて**しまったり

場合によっては**はると自身が犯罪者**になってしまうことも…

そっ…そういうときはパパが教えてあげよう！

……

えっ

へん！

えー！ボク逮捕されちゃうの!?

だから困ったらすぐパパに相談しなさい！

…パパじゃ不安だから鈴木さんに聞きたい

なっ…なんだと!!

…呼んだ？

鈴木さん!!

戦うにはまず敵を知るべし！

ネットにどんな危険があるのか知ることからはじめましょう！

…アンタひとんちの庭で何やってるんスか…

ネットのウソ情報に
だまされないようにしよう

「あの芸能人、実は○○みたいだよ」～こうしたうわさ話は、信じられないような驚きがあるものほど広がりますよね。インターネットでも、このようなうわさ話やデマはあっという間に拡散されます。ブログに書く、「Yahoo！ 知恵袋」などのQ＆Aサイトに書き込む、Twitterに投稿するなど、拡散の手段はいくらでもあります。うわさ話を言いふらしている人にとって、それが本当かどうかは重要ではありません。彼らは単純に、うそが広がることを楽しんでいるケースがほとんどです。

たとえば、2016年4月に発生した熊本地震の際、「熊本の動物園からライオンが逃げた」というデマをTwitterに投稿した男が逮捕されました。海外で撮影された、ライオンが夜の街中を歩く写真がついた投稿だったため、これを信じた人たちにより17,000回以上もリツイートされて、熊本市動植物園には問い合わせが殺到しました。本人は軽い気持ちの「釣り」や「ネタ」のつもりだったのかもしれませんが、災害情報を求めてインターネットを検索していた熊本市の人たちは、このツイートを見てかなりの不安を感じたことでしょう。

このような情報を見つけたとき、それが真実かどうかを見極めるのはとても難しいことです。そのためには、**複数のニュースサイトをチェックしたり、テレビやラジオでも確認したりする**ことが大切です。そして、**このような投稿を見つけても「反射的にシェアしない」**ようにしましょう。自分は仲のよい友達に伝えただけのつもりでも、そこからインターネットを通じて、間違った情報が世界中に拡散してしまう可能性があるのです。

反射的に情報をシェアしてはいけない！

むやみに情報をツイート・シェアすると……

友達に知らせなきゃ！

USO @800www
市内の動物園からライオンが逃げ出した！
ふざけるな〜！

ウソ情報が世界中に
広まってしまう可能性がある

みんなに迷惑をかけちゃった……

こうなると収集つかないよ、
ヒヒヒヒヒ

47

07 有害情報を
見ないようにするには？

スマホで Web サイトを見ているとき、画面の中央や下部に広告バナーやポップアップウィンドウが表示されることがあります。これらを間違えてタップして、アダルトサイトや出会い系サイトが表示されて困った経験はないでしょうか？　中には、「有料サイトへの登録ありがとうございます」などと表示されて、「ワンクリック詐欺」のサイトにつながってしまうものもあります。

このようなサイトにつながると、有料会員に登録した、動画の視聴料金が発生したなどと言いがかりをつけられて、不当な料金を請求される場合があります。このようなサイトは無視すればいいのですが、子どもは「よくわからないけど料金を請求されちゃった、どうしよう！」と慌てるかもしれません。2015年に MMD 研究所が発表した「スマートフォンのトラブルに関する調査」によると、ワンクリック詐欺にあった年代の1位は20代、2位は10代で、被害額が10万円を超えるケースは全体の1割以上だったそうです。そのようなサイトを見たことがないからといって、安心していられません。

このような事態を防ぐために、有害サイトを遮断する「フィルタリング」を利用する方法があります。フィルタリングは、青少年が有害なサイトに接触しないように、利用している端末や回線による Web サイトの閲覧を制限してくれます。携帯電話会社が提供しているフィルタリングサービスに登録するか、市販のフィルタリングアプリをスマホにインストールすると利用できます。もちろん、すべてフィルタリングに任せきりにするのはよくありません。子どもにスマホを渡しっぱなしにせず、親の知らないところで好ましくない情報を見ていないか、継続して見守る必要があります。

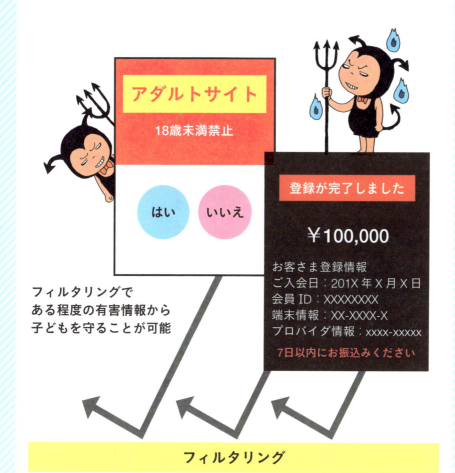

アダルトサイト

18歳未満禁止

はい　　いいえ

登録が完了しました

¥100,000

お客さま登録情報
ご入会日：201X 年 X 月 X 日
会員 ID：XXXXXXXX
端末情報：XX-XXXX-X
プロバイダ情報：xxxx-xxxxx

7日以内にお振込みください

フィルタリングで
ある程度の有害情報から
子どもを守ることが可能

フィルタリング

フィルタリングは
有害な情報から子どもを
守ってくれるが、親が
継続して見守ることも必要

03

悪い動画のマネは
やめよう

子どもはスマホで動画を見るのが大好きです。動画配信サイト「YouTube（ユーチューブ）」には、「ユーチューバー」と呼ばれる人気の動画配信者がいて、お笑い番組のような企画をしたり、楽しい製品を紹介したりしています。ユーチューバーはテレビの芸人よりも身近に感じられ、投稿する動画は誰でも試せるような内容であることも人気の理由です。

2016年、ある子どもがユーチューバーのまねをして、電子レンジでノートを焦がしてしまいました。ちょっとしたボヤ騒ぎになり、その顛末を書いたお父さんのブログにも意見が殺到しました。問題の動画は「ノートの文字を電子レンジで温めて消す」という内容で、熱で字が消えるボールペンを使用していました。まともな大人であれば、ノートを電子レンジに入れると危ないことはわかります。しかし、それを実行している動画を見た子どもは、安全なのだと勘違いしてしまいます。

YouTube を始め、ニコニコ動画やツイキャスなどのサイトに投稿される動画は、子ども用に作られてはいません。中には、アダルトなシーンや暴力的な内容が含まれている動画もあります。そして、動画の配信で収入を得ている人は注目を集めるため、犯罪にならないギリギリの内容を配信することがあります。

このような有害な動画から子どもを守るには、フィルタリングに任せるだけで OK というものではありません。まずは「最近、どんな動画を見てるの？」と声をかけてみましょう。どの動画を見ているのか、その動画の内容は子どもにもふさわしいかどうか、さりげなく確認できるといいですね。

インターネットの動画は子ども向きとは限らない

モラル違反　　悪ふざけ

暴力　　アダルト

犯罪行為　　おバカ投稿

有害な動画はフィルタリングでは防ぎきれない

最近、ネットでどんな動画を見てるんだい？

好きなタレントのミュージックビデオとかYouTubeのダンス動画だよ

子どもにふさわしくない動画を見ていないか、
さりげなく確認してみよう

04 悪ふざけ投稿は 絶対にダメです！

 「バカッター」という言葉をご存知でしょうか？　バイト先のアイスクリーム用冷凍庫に入ったり、レストランの醤油差しを鼻に入れたりしているところを撮影して、主に Twitter に投稿する行為です。なぜ問題になりそうな写真を全世界に向けて発信するのか、不思議に思うかもしれません。じつは、彼らは Twitter を仲間どうしの交流に使っているため、自分の周囲の受けを狙って投稿しているのです。しかし、Twitter の投稿は誰でも見ることができるため、少しずつ広まるうちに炎上してしまいます。一度炎上すると、投稿した本人とその友達の名前や学校名、撮影した場所まであっという間に特定されます。

このような「悪ふざけ投稿」でいちばん困るのは、被害にあった店です。悪ふざけによって販売できなくなった商品の処理や、店舗の消毒などで費用がかさむうえ、イメージの低下でお客さんは来なくなり、中には閉店に追い込まれた店もあります。そうなると、店側は警察に被害届を出す、損害賠償を請求するといった法的手段に出ます。さらに、投稿した本人の名前はインターネット上に残るため、将来の進学や就職活動に影響を及ぼします。

また、「小学校を爆破します」といった犯行予告、個人への殺害予告、誹謗中傷などをインターネットの掲示板に書き込み、逮捕されるケースもあります。掲示板は匿名なので捕まらないと思うかもしれませんが、警察は書き込んだ人物を突き止めることができるのです。ちょっとした出来心がもとで「犯罪者」になってしまうこともあるので、悪ふざけ投稿は絶対にしないよう、子どもに認識させることが大切です。

悪ふざけ投稿は取り返しがつかない事態になることもある

悪ふざけ動画を投稿して
アクセス数を増やそう

モラル違反

暴力

犯罪行為

悪ふざけ

アダルト

おバカ投稿

悪ふざけ投稿が
もとで犯罪者に
なってしまう
可能性が
あるんだね

悪ふざけ
投稿の代償は
大きいぞ！

- 炎上
- 退学
- 逮捕
- 損害賠償の請求
- 将来の進学や
  就職にも影響

悪ふざけ投稿は絶対しないよう、
子どもに理解させることが大切

53

危険なアプリに注意しよう

 便利そうなアプリを見つけてスマホにインストールするのは、私たちが普段やっていることですね。しかし、**スマホのアプリがすべて安全とは限らない**のです。とくに、Androidスマートフォンは注意が必要です。iPhone や iPad については、iOS にウイルスを作りにくいしくみがあるので安全性は高いといわれていますが、油断はできません。

アプリは基本的に公式の「ストア」からダウンロードします。かつて、有名アプリにそっくりな名前で、スマホのアドレス帳からデータを盗み出す「偽アプリ」がストアで公開されたことがあります。また、「ウイルスを退治します」「太陽光で充電できます」というニュアンスのアプリ名なのに、実際は個人情報を盗み出すだけのアプリもありました。

スマホの管理に注意しないと、他人にこっそりアプリをインストールされる危険があります。とくに「スパイアプリ」と呼ばれるアプリをインストールされると、スマホを遠隔操作して通話を盗み聞きされたり、勝手に撮影した写真を送信されたりする恐れがあります。しかも、スパイアプリはわかりづらいアプリ名で潜入しているため、ユーザーは気づきにくいのです。

アプリはスマホに保存されている情報を自在に操作できます。アプリをインストールする前に、ストアに掲載されているコメントを見て、**怪しいアプリであることを示すコメントがないか確認**しましょう。また、**公式ストア以外からアプリをダウンロードすることは、なるべく避けましょう**。アプリのインストール時に、**スマホ内の情報にアクセスする「許可」を求める画面が表示されたら、本来は必要のない情報を得ようとしていないか、確認する**ようにしましょう。

スマホ内の情報を盗んだり、遠隔操作するアプリが存在する

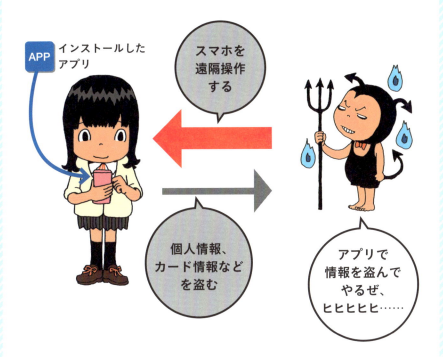

インストールした
アプリ

APP

スマホを
遠隔操作
する

個人情報、
カード情報など
を盗む

アプリで
情報を盗んで
やるぜ、
ヒヒヒヒヒ……

■ アプリはストアからインストールする

APP 節電アプリ2018

☆ 使いづらいので削除しました。

☆ なんだか動作が怪しいです。

☆☆ 動作がすごく重い。

☆ おすすめしません。

**インストールする前に、
ストアに掲載されている
コメントを確認する**

このアプリに端末上の住所
録、写真、メディアへのアク
セスを許可しますか？

許可する　　許可しない

**アプリをインストールする際、
アクセス許可を求める画面が
表示されたらよく確認する**

06 フィルタリングって どういうもの？

 18歳未満の青少年にスマホを持たせる場合、携帯電話会社は「フィルタリングサービス」への加入をすすめます。これは総務省が定める法律に基づいたプロセスで、強制的なものではありませんが、**子どもにスマホを持たせるのであればぜひ加入しておきたい**ものです。

携帯電話会社のフィルタリングサービスに加入すると、アダルト・暴力的・グロテスクな内容や出会い系など、18歳以下にふさわしくない内容の Web ページはブラウザで表示されなくなります。また、利用できるアプリの制限、利用できる曜日や時間帯など、スマホを使う人の年齢に合わせて設定できます。

フィルタリングは携帯電話会社が提供するサービス以外にも、**市販のフィルタリングアプリで設定する**こともできます。どちらのフィルタリングサービスも、Android はきめ細かな設定ができます。一方、**iOS は利用できない機能があるため、iOS の「設定」にある「機能制限」や「ペアレンタルコントロール」などの機能と組み合わせて利用**します。

なお、フィルタリングサービスを設定すると、安全だとわかっているブログが表示できなくなることがあります。その場合、子どもに「フィルタリングの制限を外して！」と頼まれたら、そのブログを「ホワイトリスト」に入れるなどして設定を変更することができます。難しいからといって、フィルタリングを丸ごと外す、子どもの言いなりで設定を変更する、といったことは避けましょう。一度フィルタリングを設定したら、しっかりと管理できるようにしましょう。

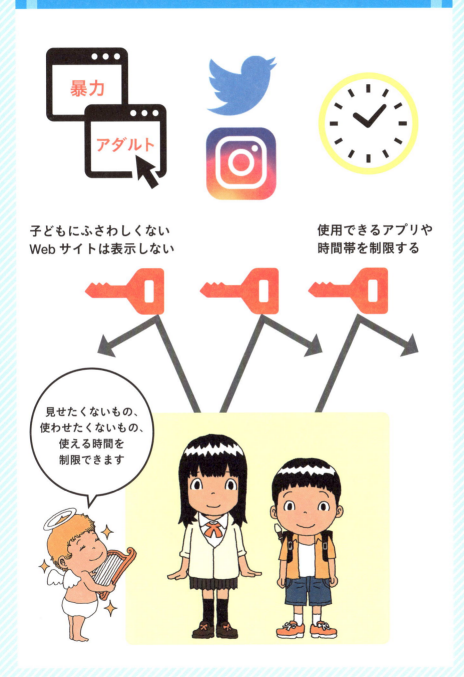

暴力

アダルト

子どもにふさわしくない
Web サイトは表示しない

使用できるアプリや
時間帯を制限する

見せたくないもの、
使わせたくないもの、
使える時間を
制限できます

対策案 1
ネットに流れるウソ情報を親子で共有する

ネットで拡散されている怪しい情報を見つけたら、子どもに「最近ネットで○○のウソ情報が流れてるけど、知ってる？」「また、スーパーの冷凍庫に入った写真を投稿した人がニュースになっていたね」というように、あえて話を振ります。また、悪い情報を見つけたら親に教えてくれるよう子どもに依頼し、ネットの危ない情報を親子で共有します。

これによって、ネットには危険な情報があふれていることを具体的に教えることができます。さらに、親が子どもを気にかけていることを自覚させることもでき、ネットの情報は鵜呑みにしないという習慣がつきます。

ウソ情報について親子で共有する

ネットには
ウソ情報が
溢れているぞ、
イヒヒヒヒ

ネットの情報を
鵜呑みにする
のは危険だね

最近、ネットで
○○のウソ情報
が流れてるけど、
知ってる？

親が気にかけている
ことを自覚する

ネットで怪しい情報を
見つけたら、あえて子
どもに話を振る

対策案2
悪ふざけ投稿の実例を見せて話し合う

悪ふざけ投稿の影響で退学になった、バイト先の店が閉店して損害賠償を要求された、などの**実例を子ども見せて説明**します。ネットで「炎上」や「バカッター」などのキーワードで検索すると、実例をすぐ探すことができます。

これによって、悪ふざけ投稿やそれをマネするのは愚かな行為であること、悪ふざけの代償は大きいこと、最終的に困るのは自分であることを知ることができます。

「炎上」「バカッター」などのキーワードで検索する

退学になったり、
損害賠償を
請求されたり、
悪ふざけの代償は
大きいね

対策案3
悪意のある投稿は削除依頼をする

SNSやブログで、明らかな虚偽や法律に違反していると思われる「悪意のある投稿」があったら、その掲載先に削除を求めることもできます。自分や家族への誹謗中傷、個人情報の流出などを見つけたら、それらの**サービスの運営元に早急な対応を求めましょう**。

SNSの場合はサービスのヘルプを見ると通報する方法が掲載されているので、手順に従いましょう。ブログの場合は、サービスの運営元にメールなどで連絡します。掲示板は削除依頼フォームから依頼します。難しいのは、オリジナルのドメインを取得してレンタルサーバーを利用している場合です。この場合は自分の名前は出さず、メールなどで削除を依頼しましょう。

あまりにもひどい内容の場合は、警察への相談も有効です。その場合は削除を依頼する前に、「スクリーンショット」や「魚拓サイト」などを使って証拠を保存しておきましょう。

悪意のある投稿や個人情報の流出を見つけたら…

明らかな虚偽　TATOO!　法律違反

ヘルプを参照して通報する
HELP
カチッ

サービスの運営元にメールで連絡する

証拠を保存して警察に通報する
スクリーンショットや魚拓サイトで証拠を保存しておこう

対策案4
有料のフィルタリングソフトを購入する

iPhone の「機能制限」や携帯電話会社のフィルタリングサービスは、手軽に使えるのでおすすめです。しかし、もっときめ細やかに管理するなら、**有料のフィルタリングサービスを利用**しましょう。

デジタルアーツ株式会社の「i-フィルター」は、Windows パソコン、iPhone、Android、ゲーム機など各機器用のソフトウェアと、マルチデバイス用のソフトウェアを販売しています。日本 PTA 全国協議会推薦の製品で、見守り機能、Web フィルター機能、アプリフィルター機能を利用できます。

アルプスシステムインテグレーション株式会社（ALSI）の「ファミリースマイル」は、インターネットの出入口であるルーターでフィルタリングを実行し、家にあるすべての機器からのインターネット閲覧を制限できるサービスです。

有料のフィルタリングソフトの例

i-フィルター

日本 PTA 全国協議会推薦の製品。サポート期間は1〜3年、サポートするデバイスは1〜3台の製品が用意されている
https://www.daj.jp/cs/smph/

ファミリースマイル

アルプス システム インテグレーション株式会社が提供する、ルーターに設定するフィルタリングシステム。ルーターにつながる端末に一括してフィルタリングを設定でき、パソコンやスマホに負荷がかからない
http://www.alsi.co.jp/security/fs/index.html

YouTubeの
フィルタリング設定方法

子どもに絶大な人気があるYouTubeですが、動画の中にはアダルトな情景を想起させるような映像や、暴力的な内容を含むものもあります。子どもに見せるのは、楽しい動画や上手な楽器演奏など、子ども向きの動画に限定したいですよね。ところが、フィルタリングアプリを使うと、YouTubeアプリ自体を制限することになってしまいます。アプリをフィルタリングの対象から外して、YouTubeを見るためのアカウント（Googleアカウント）を子ども用にする方法もありますが、13才未満はGoogleアカウントを作れない規約になっています。つまり、小学生のお子さんは親のGoogleアカウントでログインするか、ログインなしで見ることになります。それでは野放しと同じで、心配です。

そこで、「制限付きモード」を設定しましょう。子どもが利用するスマホやパソコンすべてに次の設定をしてください。パソコンでは、YouTubeをブラウザで開き、右上の3つの点をクリックします。すると「制限付きモード」という項目が表示されるので、オンにします。左側の三本線をクリックしてメニューを表示します。ログインして利用する場合は、アカウントのアイコンをクリックし、「制限付きモード」をオンにします。iPhoneアプリでは、アカウント名→設定から「制限付きモードフィルタ」を「強」にします。Androidはアカウント名→設定→全般で「制限付きモード」をオンにします。

第3章

SNS&メールの
トラブルから
身を守ろう!

ねぇママ…
ちょっと話が
あるんだけど…

どうしたの
あおい？

クラスのLINEでね
みんなが
ある男子を無視
しようって言うの

その子が投稿
したときだけ
スルーしたり
するんだよ

裏グループも
できてるしさ…

私、そういうのに
巻き込まれたく
ないんだよね…

なんだか
嫌な話ねぇ…

先生に相談
してみたら？

えー、ヤダよ…
「あいつがチクった」
って言われちゃう！

その子
学校でも
仲間外れに
されてるの？

どうかなぁ…
たぶんLINEでふざけてる
だけだと思う

でも、やり方が
陰険なんだよね

退会させて
また招待してを
繰り返したりさ

…「退会」って
なんだっけ？

そんなの
「グループから
抜けさせること」に
決まってるじゃん！

誰が
やってるの？

だから
グループの人たち
みんなだよ！

誰でも
できるの？

退会させたログは
グループトークに
残るけど…

ってもう…
やっぱママじゃ
らちがあかない！

鈴木さんに
相談する
ことにする！

あ、あおい…

**SNSでの
人間関係**って
難しいわよね

**あおいちゃんの
苦労は
よくわかります！**

さすが
鈴木さん!!

そういえば
実は私も…

**ママ友との
やり取り**が
面倒臭くなるときが
あるのよね…

ネット上の
コミュニケーションで
困らないように
イチから指南
しましょうか！

ママも一緒に
教えてもらお♪

65

LINEで知り合った人に会うのは危ないよ

「有料スタンプをあげるから裸の写真送って」……こんな誘い文句で、小学生女児に自分の裸画像を送らせた男が逮捕される事件がありました。犯人は「LINE の有料スタンプをくれる男」として、子どもたちに知られていました。被害者は「友達がつながっているなら私も」と気軽につながり、メッセージを交わしているうちに心を許してしまい、自然と要求に応えてしまったようです。

この例からわかるように、子どもたちは LINE の向こうに悪い人がいるとは考えていません。これは親や親せき、先生、友達の親など、普段は優しい大人としか接していないからです。しかし、実際には性的な意味や詐欺目的で子どもに声をかけてくる人がいます。Twitter の DM（ダイレクトメッセージ）や学習アプリの SNS 機能を使って、「LINE を交換しよう」と QR コードを送ってくるケースは多くあります。つながってもブロックすれば縁は切れますが、仲よく会話しているうちに住んでいる場所や学校名、実名などを話してしまうこともあるでしょう。「君が好きな芸能人のグッズを渡したいから」などの誘いがあれば、相手に会いに行ってしまうかもしれません。

子どもたちには、LINE で知り合う相手が悪い人かもしれないこと、うそのプロフィール画像や名前を使っている可能性があることを伝えてください。そして、どうしても相手に会いたいという場合は、親と一緒に、たくさんの人がいてにぎやかな、健全な場所で会うことすすめましょう。

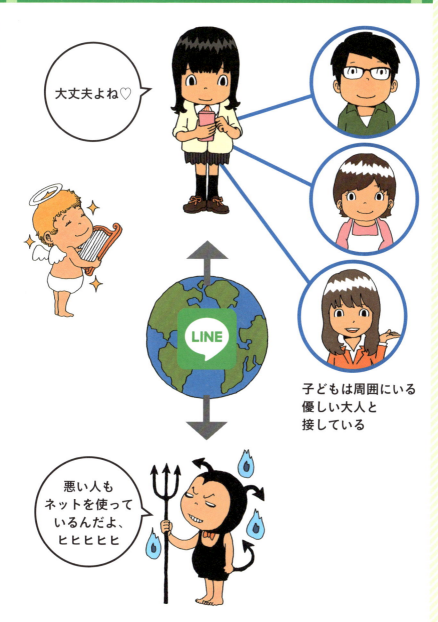

子どもは周囲にいる
優しい大人と
接している

だから、LINE でつながっている相手が悪い人だとは考えない

07 LINEで不幸の手紙や チェーンメールが来たら？

「この手紙と同じ文面を10人に送らないと不幸になる」……親世代が子どものころに流行った「不幸の手紙」は、今はLINEで回されて（転送されて）います。子どもたちがスマホを持ち始めると、必ずといってよいほど、誰かが「不幸の手紙」タイプのチェーンメールを送ってきます。しかも、最近は「あなたが本当に好きな人にだけに回してください。そうしないと友達や恋人が離れていきます」というように、友情や恋愛感情を盾にするタイプが流行っています。ただでさえ友達関係に悩みやすい女子は、とくに慌ててLINEで転送してしまいます。

チェーンメールにはさまざまなタイプがあります。「これを10人に回すと、好きな人に告られるよ」「テレビ番組の企画で、何人に回るか実験しています」など、楽し気な文面のチェーンメールもあります。しかし、チェーンメールにはワンクリック詐欺などへの有害なリンクを含んでいるものもあり、気軽に回すのは危険なケースがあります。また、本人はチェーンメールの内容を真剣に受け止めて回していても、友達はそのからくりを知ってるので迷惑に感じ、トラブルに発展する可能性もあります。

お子さんにスマホを持たせたら、<mark>チェーンメールの内容はうそであり、回さなくても不幸にならない</mark>ことを説明してあげましょう。そして友達からチェーンメールが回って来たときは、相手を刺激しないように対応するようすすめましょう。その際、「こんなのウソだよ」とはっきりいうと、相手は傷つくかもしれません。<mark>学校などで「あのメール、誰かのイタズラかもしれないよ」と直接話す</mark>ことが有効な場合もあります。

不幸の手紙やチェーンメールは気づかいをしつつ無視しよう

テレビ番組の
実験でメールを
回してます。

この文面を10名に
メールしないと、
あなたに不幸が訪れる。

チェーンメールの
世界記録に
挑戦しています。

メールを回さないと
好きな人に振られるよ。

これ、
絶対ウソ
だよね

でも、
はっきり言うと
傷つくかも
しれないし…

このメールは
回さなくても
大丈夫だよ

誰かの
いたずらかも
しれないよ

**相手を刺激しないように
対応する**

**メールや SNS ではなく、直接
話すことが有効な場合もある**

03

LINEいじめから
身を守るには？

LINE には複数の人で一斉に話ができる「グループチャット」という機能があります。数名の仲よしグループのほか、同じクラスのほとんどの人が入る「クラス LINE」や、同じ学年の人が入る「学年 LINE」など、数十人のグループも珍しくありません。LINE のグループには、リーダー的な役割を果たす「管理人」はありません。グループを作った人でなくても、メンバーは誰でも新しいメンバーをグループに招待することができ、退会させることもできます。ただし、招待や退会は「○○が△△を退会しました」という通知がトーク画面に表示されるため、グループメンバーなら知ることができます。

LINE グループはすばやく発言する人や、発言の多い人が流れを作る傾向があります。この関係で、メッセージを書いているうちに別の人が発言してしまい、結果として空気を読まないメッセージを送ってしまったとか、LINE から離れて発言に追いつけなかったことが「既読スルー」と受け止められたというように、何かと誤解を招きやすい場でもあります。また、特定の人だけを除いて悪口をいう「裏グループ」を作る人もいます。男子がいるグループでは、同じ人を何度も退会させてふざけているうちに、学校での仲も怪しくなってしまうこともあります。

LINE のトラブルは、実際の生活にも影響しやすいものです。もし **LINEでうまくいかないことがあったら、友達どうしで顔を合わせて話す**と案外かんたんに解決することがあります。**必要であれば先生の力も借りて、LINE と実生活の両面で対応**しましょう。

LINE グループのトラブルに要注意！

LINE の裏グループ

 よく既読スルーされてムカつく

やたら電話が長いんだよね

 あと、メールの返信も妙に遅くない？

自分を「ちゃん」づけで呼ぶのもね ww

 ちょっとした誤解なのに……

LINE は小さな誤解がもとでトラブルが発生しやすいぞ、ヒヒヒヒヒ……

1人で抱えずに相談しよう

■ LINE で友達どうしのトラブルが発生したら……

・親に相談する
・学校の先生に相談する
・その友達と直接話す

Twitterでつぶやく前に よく考えよう

 子どもの Twitter の使い方は、大人とは少し違います。大人は情報を得るために Twitter を使うケースが多いのですが、**子どもは知り合いとゆるくつながるツールと捉えています**。LINE のように誰かに直接発言するのではないため、自分の思いや今していることを気軽に投稿しています。

中高生は Twitter のアカウントを複数持ち、本垢（ほんあか：実際の知り合いとつながるアカウント）と裏垢（うらあか：心を許せる相手とだけつながるアカウント）を使い分けています。日々の生活での愚痴や誰かの悪口も、裏垢なら書き放題です。しかし、誰かの悪口のスクリーンショットを撮られて拡散されたり、Twitter の画面を直接他の人に見せたりされると、かんたんに他人に伝わります。「エアリプ」と呼ばれる、「誰かのことを匂わせているけど、はっきり断定しない」悪口は、公開アカウントで堂々と書いています。

また、投稿した本人はそのつもりがなくても、言葉足らずなツイートが誤解を招くことがあります。**Twitter は投稿の編集ができないため、投稿ボタンを押す前に一度確認する**ように、子どもに話してみましょう。リプライ（人の投稿へのコメント）も、話している2人以外の人からも読まれているため注意が必要です。画像の投稿も盛んですが、「バカッター」と勘違いされるような画像を投稿すると、Twitter ではあっという間に拡散します。**気軽な投稿でも、それは世界中から見られていることを忘れない**ように話しておきましょう。

Twitterは本音を発言しやすいけれど、世界中から見られている！

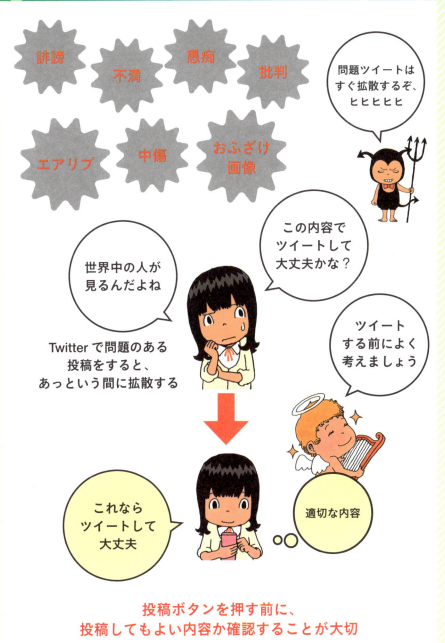

誹謗

不満

愚痴

批判

エアリプ

中傷

おふざけ画像

問題ツイートはすぐ拡散するぞ、ヒヒヒヒヒ

この内容でツイートして大丈夫かな？

世界中の人が見るんだよね

Twitterで問題のある投稿をすると、あっという間に拡散する

ツイートする前によく考えましょう

これならツイートして大丈夫

適切な内容

投稿ボタンを押す前に、投稿してもよい内容か確認することが大切

"SNS疲れ"ってどういうこと？

 LINE や Twitter などの SNS は、いつでも友達と交流できる、とても楽しいツールです。しかし、SNS が普及した最近では、「SNS 疲れ」という言葉が聞かれるようになりました。

SNS 疲れにはいくつかパターンがあります。たとえば、友達からのメッセージや投稿にすぐ返信しなければという使命感に駆られ、重荷に感じることはその 1 つです。また、他人の投稿を見て落ち込む場合もあるでしょう。遊園地で楽しそうに過ごしている人の投稿を見ているとき、自分の友達が一緒に写っている写真があったら、仲間はずれにされたようでショックですよね。さらに、自分の投稿への反応も悩みの種になります。「投稿にコメントがつかない」「スタンプが少ない」などと気にするあまり、コメントがつきそうな場所へわざわざ出かけて写真を撮る……というところまでいくと、それは SNS 疲れを通り越して「SNS 依存症」かもしれません。

もし、お子さんが **SNS 疲れしているように感じたら、あくまでも自分のペースを保つことが大切**だと伝えましょう。「返信が遅い」と友達にいわれるようなら、「親にスマホを預かられた」などの言い訳をさせればほぼ大丈夫です。投稿のタイミングについても、**他人は幸せなときしか投稿していないのだから、自分も同じでよい**ことを認識させましょう。自分の投稿への反応を気にしすぎているようなら、いっそ**投稿をやめさせる**手もあります。

SNS にはまっていることが人に知られるのは、大人だけでなく、子どもでも気恥ずかしいものです。仲のよい友だちとゆっくりメッセージを楽しむことをすすめてみましょう。

Fumie
@basketball

家族でスカイツリーなう。

Fumie
@basketball

展望台の眺めは最高だよ。

Fumie
@basketball

さっきのツイート見てくれた？

あんまり頻繁
にツイートに
返信するのは
ちょっと……

「ごめんね！
勉強中はスマホを
使わない
決まりなんだ」

返信を迫られる場合は、親との約束を盾にすることも有効

ネットで自分の悪口を
見つけたら？

 嫌なことがあって気持ちが収まらないとき、どこかに吐き出したくなるのは子どもも同じです。誰のことかはっきりさせずにネットに悪口を書くだけで、少しすっきりするのはわかりますね。しかし、それを書かれた側は不快になるのはもちろんのこと、実際の生活でトラブルになることがあります。

LINEには「ステータスメッセージ（ステメ）」という、プロフィールの下に一言書けるスペースがあります。本来は「いま旅行中」などとゆるく近況を伝える機能なのですが、子どもはここに悪口を書くことがあります。ステータスメッセージは500文字まで書けるので、長いメッセージを書くとスクロールしなければ読めないため、内緒の場所にこっそり悪口を書くようなイメージなのです。この「ステメ悪口」はわかる人が読めば誰のことかわかるように、相手の情報を匂わせて書くのが特徴です。

たとえば、部活でトラブルが発生して、ある子はステメに愚痴を書きました。それを読んだ友人は同じくステメで反論します。さらに、それを読んだ別の子もステメに悪口……というように、LINE上で激しい喧嘩になってしまった例があります。このケースでは、翌日、顧問の先生の力を借りて話し合い、解決したのだそうです。

文字での争いはお互いに誤解を生みやすく、必要以上に攻撃的になってしまいます。「もしかして自分のことかな？」と考えられる悪口を見つけても、**すぐ文字で反応せず、できれば学校などで顔を合わせたときに解決する**ようアドバイスしましょう。その際、**共通の友達に立ち会ってもらう**と心強いですね。

ネットで悪口を見つけても、やり返してはいけない！

Masahiko
ArtLover

長電話する人は苦手
勉強に集中できないよ。
誰とは言わないけど……

Fumie
basketball

わたしは友達のツイートには
すぐリプライしてます。
既読スルーする人は嫌い

心当たりアリ

もしかして、
わたしの
批判かな？

でも、ステメで
やり返すのは
よくないよね？

学校で直接話を
聞いてみよう

相手と顔を合わせて解決するのがベスト

07

ネットで
"炎上する"とは？

「炎上」という言葉を聞いたことがあるでしょうか？　ある件がネットで話題になり、Twitter ならリツイートが止まらなくなったり、その件に関するまとめブログが次々に書かれたりする状況です。炎上の影響は実生活にも広がることが多く、本人の名前や居場所、友人や家族を特定して、学校へ電話する人も現れます。はじめは行き過ぎた正義感から炎上させる人たちが多いのですが、次第にただの暇つぶしとして参加する人たちも出てきます。

炎上に巻き込まれてしまった、ある女子高生の話を聞きました。友達と家で遊んでいる写真を LINE のタイムラインにアップしたところ、誰かにスクリーンショットを撮られて、「お酒を飲んでる」と Twitter に投稿されてしまったそうです。実際にはジュースを飲んでいたのに未成年の飲酒だと勘違いされ、Twitter であっという間に拡散されて、学校を特定されてしまいました。

その女子高生は親と学校の力を借りて警察に相談し、Twitter 上の問題の投稿は削除できたそうです。しかし、インターネット上に拡散した情報をすべて削除できたかどうかは、実際のところ誰にもわかりません。

もし、お子さんが炎上に巻き込まれたら、いちいち反応すると余計に炎上がひどくなります。その場合は反論したくても我慢して、誹謗中傷してきた相手の証拠を残しましょう。それにはスマホでスクリーンショットを撮り、「魚拓サイト」でウェブページを保存します。そして、証拠がまとまった時点で警察に相談しましょう。学校にも事情を説明しておくといいですね。

炎上しても、反論はぐっと我慢して証拠を残そう

■ もし、炎上に巻き込まれたら……

悪い人
@Hell

家を特定してストーキングしてやる！
絶対に逃がさないからな！

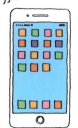

カチャッ

誹謗中傷の
画面をキャプチャ
して保存する

魚拓サイトで
ウェブページを
保存する

学校に事情を
説明する

08

個人情報は
どこまで見せていいの？

 中高校生の多くは、ネットに自分の個人情報を出すことを恐れていません。試しに、地元の高校名を Twitter で検索してみてください。「○高25HR（＝○○高校2年5組）」などの表記で、プロフィールに学校名とクラスを書いている生徒がたくさんヒットします。中には、所属している部活や出身中学校を書いている生徒もいます。プロフィール画像には友人との自撮り写真など、顔がわかる写真が使われている場合もあります。本人が学校名を明かしていなくても、フォロー／フォロワーのプロフィールを見れば、通っている学校をほぼ特定できてしまいます。

中高生がこのようにネット上に個人情報を出してしまうのは、Twitter で知り合いとつながりたいと考えているためです。その際、**知り合いでない人に個人情報を見られるリスク**はほとんど考えていません。しかし、実際には知らない人も見ているのです。

個人情報を見られたことよって、DM（ダイレクトメッセージ）が送られてくる程度なら、無視していればよいでしょう。しかし、学校名がわかると、通学経路やよく行く場所で待ち伏せされるなどの可能性があります。生年月日や本名を明かしていると、SNS のパスワードを推測してアカウントを乗っ取られたり、通販サイトで勝手に買い物をされたりする危険性があります。

現代の子どもたちは産まれたときからネットがあるせいか、「個人情報を知られても何も起きない」と考えています。しかし、**個人情報の流出には危険が隣り合わせである**こと、せめて **Twitter は非公開アカウントにして自分を守るべきである**ことなどをアドバイスしましょう。

トラブルを避けるため、個人情報はなるべく出さないようにしよう

Twitterのプロフィールに個人情報を載せることには、
さまざまな危険がある

Aoi
@BrassBand

2004年5月7日産まれ。
同じクラスのまさひ
こ君&ふみえちゃん
と仲よしです。
アイドルのK君の大
ファンです。

Masahiko
@ArtLover

浦安で暮らす中学生1
年生です。
部活は美術部所属で、
将来は芸術家になる
のが夢です。

Fumie
@basketball

湾岸中学校に通って
います。近所の○○
というケーキ屋さん
がお気に入りです。

あおいちゃんは
浦安の
湾岸中学の
1年生だな……

- 学校の特定
- 通販サイトでの不正
- 待ちぶせ
- パスワードの漏洩
- SNSアカウントの
  乗っ取り

09 悪意のメールは無視しよう

 たとえば、「100万円当たりました！以下のボタンから申し込んでください」といったメールを受信したことはないでしょうか？　このようなメールは「迷惑メール」または「スパムメール」と呼ばれ、どこからか漏れたり、推測されたりしたメールアドレスに送られてきます。中にはアダルトサイトや出会い系サイトへの勧誘もあり、親の立場からすると頭を悩ませる問題です。

さらに困るのは架空請求や詐欺を狙ったメールです。最近は「あなたはアダルトサイトの有料会員になっているから、未払い金10万円を支払え」というメールが届き、メールに書いてある電話番号に連絡すると、コンビニでプリペイドカードを購入してその番号を教えるように指示される、といったケースが増えています。プリペイドカードなら現金をやり取りしなくても、カードに記載されている番号だけで買い物ができるからです。

このようなメールを受信した段階では、送信者はまだ個人を特定できていないので、==身に覚えがないなら無視すれば大丈夫==です。そうはいっても、子どもがスマホでこんなメールを受信すると、我が子が事件に巻き込まれてしまうのではないかと、親として心配になるかもしれません。しかし、ここで支払いに応じると、犯罪者に個人情報が伝わってしまいます。

メールを無視するだけでは不安ならば、「国民生活センター（http://www.kokusen.go.jp/）」など==架空請求の相談ができる窓口を利用==してみましょう。また、==知らない人からメールが来たら、安易に返信しないでまず親に相談する==よう、子どもに話しておきましょう。

悪意のある携帯電話会社のメール、パソコンメール、SMS はすべて無視で OK

■ 身に覚えのない請求のメールが届いたら……

ご利用者様

有料アダルトサービスをご利用いただき、
ありがとうございます。
これまでの料金100,000円が未払いとなって
いますので、○月×日までにお支払いの手
続きをお願いします。

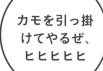
カモを引っ掛
けてやるぜ、
ヒヒヒヒヒ

支払いには
応じない

国民生活センター

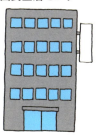

架空請求の
相談窓口を利用する

親に
相談させる

なりすましに注意しよう

迷惑メールの1つに、知人や著名人などになりすまして送ってくる「なりすましメール」があります。たとえば、友人になりすまして「メアドを変えたから連絡して」とか、芸能人になりすまして「間違えてメールを送ったけど、これを機会に仲よくしよう」など、なりすましメールの手口はさまざまです。

「なりすまし」はSNSでもあります。芸能人になりすましたTwitterアカウントや、友人のプロフィール画像と名前でなりすましたFacebookアカウントで連絡してくるケースもあります。

多くの場合、なりすましの目的はメールアドレスなどの個人情報を盗むことです。これに加えて、LINEではアカウントを乗っ取られる危険があります。ある日、友人になりすましたLINEやSNSのアカウントから、「スマホの番号を教えて」と連絡があります。続いて、LINEからSMSの認証番号が届きます。その番号をなりすましに教えてしまうと、相手はあなたの携帯電話番号で新たなLINEアカウントを作り、あなたのLINEアカウントは使えなくなってしまいます。そして、あなたの電話番号を知っている人とつながり、プリペイドカードを買って番号を教えるよう指示して、それで購入した商品を転売するなどして金銭を手に入れようとします。

相手は実在する知り合いのアカウントから連絡してくるため、つい信じてしまいますが、あなたのアカウントを乗っ取られると、さらに被害が拡大します。お子さんには、認証番号を人に教えるとアカウントを乗っ取られること、それによって大きな被害があることを説明しておきましょう。また、もしLINEアカウントが乗っ取られてしまったら、LINEの問題報告フォームから連絡しましょう。

LINE アカウントを乗っ取られることもある

■ LINE アカウント乗っ取りのしくみ

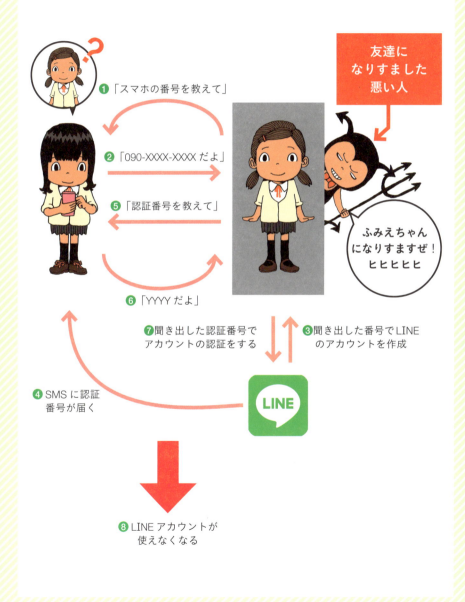

❶「スマホの番号を教えて」

友達に
なりすました
悪い人

❷「090-XXXX-XXXX だよ」

❺「認証番号を教えて」

ふみえちゃん
になりすますぜ！
ヒヒヒヒヒ

❻「YYYY だよ」

❼聞き出した認証番号で
アカウントの認証をする

❸聞き出した番号で LINE
のアカウントを作成

❹SMS に認証
番号が届く

❽LINE アカウントが
使えなくなる

写真にも個人情報が含まれている？

Twitter で制服姿の写真と一緒に「今日は文化祭！」とツイートすることは、高校生なら日常的にやっています。この場合、その日に文化祭を開催している高校を検索して、該当する学校の制服をすべて確認すれば、どこの高校かを特定できてしまいます。さらに、「よく行くレストラン」「アルバイト先」などの写真を投稿していたら、画像検索や Google Maps のストリートビューを利用して、該当する店をかんたんに特定できます。Twitter にはほとんど写真を投稿していない場合でも、同じアカウント名で Instagram のアカウントを作っていたら、そちらの写真から特定することができます。

このように、写真には文章よりも多くの情報が含まれるため、==写真から知られたくないプライバシーが漏れることはないか、投稿する前にしっかりチェックする==必要があります。写真には==撮影日や位置情報を記録する「Exif」というしくみ==があり、ここから個人情報が洩れることがあるのです。このため、メールで写真を送信する場合は注意が必要です。SNS の場合は写真の Exif が自動的にカットされるため、通常は気にする必要はありません。

また、SNS では==友人が撮影した写真に「タグ付け」されて個人情報が広まる==こともあります。顔や名前、今いる場所など、友人に悪意がなくても、ネットに出したくない情報であれば削除してもらうようにしましょう。反対に、自分も人が写っている写真を勝手に投稿せず、投稿前に必ず相手に確認するようにしましょう。

写真の投稿は文章よりも慎重に！

写真にはいろいろな情報が含まれている

Google ストリートビュー　　　Exif　　　　ほかの SNS

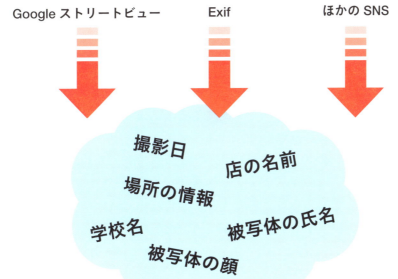

撮影日
店の名前
場所の情報
学校名　　被写体の氏名
被写体の顔

SNS に投稿した写真から、
さまざまな情報が漏洩する可能性がある

17 SNSアプリ以外にも SNSがある

 「SNS は知らない人とつながるから、うちの子にはまだ使わせない」……そう考えている保護者の方も多いでしょう。Twitter や Instagram などの有名な SNS はかんたんにインストールを止めることができますが、実は **SNS のカテゴリーに入らなくても、SNS 機能を持っているアプリがある**のです。

たとえば、ユニークな顔スタンプを自撮り写真に施せる「SNOW（スノー）」は、LINE の友だちや電話帳、スノー ID を使ってつながることができます。ビデオ電話やライブ配信の機能もあり、ユーザーどうしの交流もできます。また、画像加工アプリとして人気の高い「PicsArt（ピクスアート）」も、画像の投稿を通じて交流することができます。このほか、LINE のタイムラインや背景に使える画像を無料で提供している「プリ画像」、短い動画を編集・公開できる「MixChannel（ミックスチャンネル）」、口パク動画を作成できる「musical.ly（ミュージカリー）」など、子どもたちに人気の高いアプリにも SNS 機能があります。

自撮りアプリは自分の顔を出して交流することになり、動画についても同様です。このようなアプリは編集機能のみ利用して、公開先は LINE の友だちだけにするなど、使い方を約束しておきましょう。

また、SNS 以外でも、文字入力アプリ「Simeji（シメジ）」のようにおもしろ画像をダウンロードできるなど、想定外の機能を備えているアプリもあります。**アプリのインストールを許可する際には、その前に親が使ってみる**と安心です。

SNSの機能を持つアプリに注意！

新しい画像加工アプリをインストールしたよ

SNSの機能を持つ画像加工アプリ

画像を加工するだけでなく、
画像を投稿して人とつながる機能がある

SNSの機能を持つアプリは
使い方を約束しておきましょう

89

対策案 1
家族でSNSを活用する

子どもが LINE を始めるのであれば、==この機会に家族全員で始めて、家族の LINE グループを作りましょう==。「今日の夕飯は家で食べるの？」といった連絡、休日に出かける相談、テレビや芸能人についての雑談など、ささいな内容でもなんとなくコンスタントに連絡していることが大切です。ときどき「仕事で疲れちゃった」というように親も弱いところを見せると、子どもも本音を話しやすくなります。

家族内で SNS を活用すると、普段どのように SNS を使っているのか垣間見えることがあります。利用方法に問題があると感じたら、話し合ってみましょう。同時に、「面と向かってでは言いづらいけど、SNS でなら話せる」という雰囲気を作り、学校や友達間でトラブルがあったときに相談しやすくしましょう。

家族の LINE グループを作って活用する

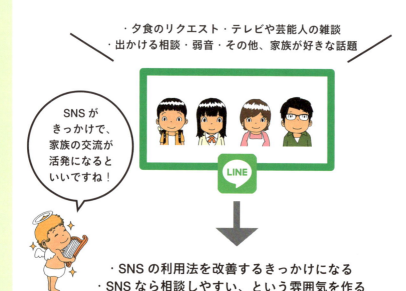

・夕食のリクエスト ・テレビや芸能人の雑談
・出かける相談 ・弱音 ・その他、家族が好きな話題

SNS が
きっかけで、
家族の交流が
活発になると
いいですね！

・SNS の利用法を改善するきっかけになる
・SNS なら相談しやすい、という雰囲気を作る

対策案2
SNSでの犯罪を理解させる

SNSで知り合った人に会う子どもが後を絶ちません。相手が同じ年頃だったり、同じ趣味を持っていたりすると、子どもは会っても大丈夫だと判断してしまいます。もちろん、相手がどんな人かはわかりませんし、悪意のある人かもしれないのです。

知らない人に会ってしまうきっかけは、人気のコンサートチケットの転売や、くじで当たるキャラクターグッズの交換などです。気軽にネットの知り合いに会わないよう、たとえばTwitterで「チケット　詐欺」「コンサート　詐欺」などで検索して、==被害にあった人のアカウントを見せる==のも手です。これに加えて、被害にあっても犯人が逮捕されるとは限らないこと、盗られたお金は取り戻せないこと、泣き寝入りしている人が多いことも説明しましょう。

Twitterで詐欺にあった人のアカウントを検索して見せる

91

対策案3
普段から言葉遣いを注意する

SNSのトラブルは、言葉の選び方に起因することがほとんどです。小学校高学年ぐらいから、悪い言葉や若者言葉を使って自分を強く見せようとする子どもがいます。普段の言葉遣いが乱れていれば、当然、SNSでも乱れた言葉を使います。子どもがSNSいじめの加害者にならないように、**日常の言葉遣いが悪いときは注意**しましょう。

同時に、SNSの使い方についても注意を促しましょう。「LINEではみんな普通に"氏ね"とか書くよ」などと口答えするかもしれませんが、それでも傷ついたり、反感を持ったりする人がいることをしっかり話しておきましょう。

SNSのトラブルの多くは言葉の選び方が原因

指導　→　いいから氏ね

指導　→　氏ねばいいのに

「氏ね」は不適切な単語を入力できないWebサービスで、「死ね」のかわりに使われるスラングだよ、ヒヒヒヒヒ

SNSで悪い言葉を使わないよう、
普段の言葉遣いが悪ければ注意する

対策案4
いじめの場合は学校にも相談を

SNSいじめは実際の生活にも影響している場合がほとんどです。学校や部活などが原因でSNSでもいじめが始まるか、SNSでの態度が問題で学校でも無視されたりするようになるか、どちらが先かはわかりませんが、同時に解決しなければなりません。

<mark>子どもの様子がおかしいと感じたら、まずは学校に相談</mark>してみましょう。とはいえ、先生に相談したことで子どもがショックを受ける場合もありますので、タイミングを見ながら、最初は普段の様子をうかがう程度でもよいかもしれません。いきなり相手の親に突撃したり、警察や自治体の窓口などの学校よりも上の組織に相談したりすると、逆効果になる可能性があります。

もしSNSいじめにあったら？

SNSいじめにあったら、まず学校に相談しましょう

最初は様子をうかがう程度のほうがよいかも？

いきなり警察などに相談すると逆効果になるかも…

Instagramの
「ストーリー」とは？

若い女性を中心に人気があるInstagramは、徐々にユーザーの年齢層が広がっています。芸能人や雑誌のモデルが盛んにInstagramを活用しているため、始めたがる子どもが増えています。とくに、ファッションに興味がある女子はコスメや雑貨、服などの情報が盛りだくさんなので、アカウントを持ちたがるでしょう。しかし、アカウントを作れるのはInstagramの規定で「13才以上」です。

Instagramは画像を1枚、または複数枚に本文とハッシュタグ（＃）をつけて投稿するSNSです。動画も投稿できますが、最近人気が出ているのは「ストーリー」という「消える動画」です。ストーリーは、ボタンを押している間だけ撮影する動画なので短めで、24時間で自動的に消えます。

ストーリーの公開先は基本的にフォロワーのみです。そこで、Instagramにありがちなおしゃれにあふれている画像や動画ではなく、普段どおりの飾らない投稿ができるので、気軽に活用されています。友だちと変なダンスを踊ったり、繰り返し機能で変顔を何度も表示させたりと、楽しく遊ぶことができます。

しかし、「消えるから」と未成年なのに飲酒しているところや、恋人とイチャイチャしている動画をアップしてしまう人もいます。誰かにスクリーンショットを撮られて拡散される可能性があります。じつは、検索からプロフィールを表示してプロフィール画像をタップすると、ストーリーはフォロワー以外にも見られてしまいます。ストーリーは24時間で消えるとはいえ、安心は禁物だとお子さんに伝えておきましょう。

第**4**章

お金のトラブルを防止しよう!

この前友達がフリマアプリでリップ買ってたの

すごい安く買えるんだって♪ 私も買っていいでしょ？

子どもがそんな… **危ないから絶対ダメっ！**

じゃあ代わりにママが買ってあげればいいじゃん

お金はお姉ちゃんのお小遣いから引いてさ

はると頭いい！

実を言うとママも自信ないのよね

スマホで買い物なんかしたことないから…

しょぼ〜ん…

はぁ…結局それだよ！

鈴木さーん!!

注意すべき点を押さえればそれほど心配はいりません

なるほど！

ふーん…

…だけど便利だからって買いすぎにはご用心！

さすが主婦仲間がっちりしてる！

……

01

ネットショッピングは
ここに注意

 思い立ったらすぐ必要な物が買えるネットショッピングは、とても便利なサービスです。Amazon や楽天などの総合ショッピングサイトのほか、各ショップが独自に開設したサイトにアクセスして、欲しい商品を検索すればすぐに見つけられます。Web ブラウザではなく、ショップの専用アプリで購入している人もいるでしょう。商品の配送が無料だったり、当日配送もできたりと、店に行かなくても買い物ができる時代になりました。

しかし、お金を支払うからには注意が必要です。たとえば、「代金を支払ったのに商品が届かない」ということがあるかもしれません。このようなトラブルを回避するため、まずは**ショッピングサイトを運営しているショップをチェック**しましょう。代表者名や住所・電話番号などの連絡先のほか、「特定商取引に関する表記」が掲載されているかは必ず確認します。ショップ名で検索をして、ネット上に悪い評判がないか確認することも大切です。もちろん、いつまでに商品が届くのかも確認します。

クレジットカード決済の場合は、ショッピングサイトのセキュリティ性がとくに重要です。個人情報を入力する Web ページの URL が「https://」で始まっていれば、入力した情報は暗号化で守られているので安心です。**クレジットカード決済に不安があるなら、「代引き」や「後払い」にする**とよいでしょう。

なお、**大手サイトをまねた偽の通販サイト**が作られることがありますが、その場合は URL が微妙に違います。また、**おかしな日本語が使われている通販サイト**も偽物の可能性があるので注意しましょう。

ショッピングサイトはここをチェックしよう！

URL が https:// で始まっていると安心

URL が微妙に違っていないか？

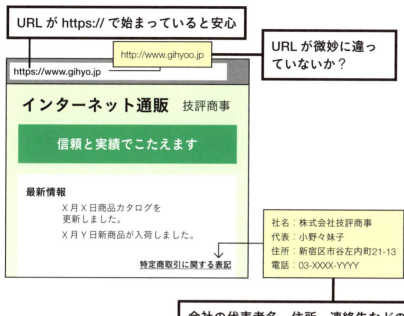

http://www.gihyoo.jp

https://www.gihyo.jp

インターネット通販 技評商事

信頼と実績でこたえます

最新情報
X月X日商品カタログを
更新しました。
X月Y日新商品が入荷しました。

特定商取引に関する表記

社名：株式会社技評商事
代表：小野々妹子
住所：新宿区市谷左内町21-13
電話：03-XXXX-YYYY

会社の代表者名、住所、連絡先などの
情報が明記されているか？

ネット上に悪い評判は
ないか？

支払いは
「代引き」や
「後払い」を
利用する方法も
あります。

 Masahiko
@ArtLover

このショップの通販を利用したら、商品が届く
のが遅いうえに初期不良だった。サポートに電
話したら対応もよくないし、おすすめしません。

07

フリマやオークションは ここに注意

 インターネットでは企業が運営するショップではなく、個人から商品を購入することもできます。「ヤフオク！」などのオークションサービスや、フリーマーケット（フリマ）のようにやり取りする「メルカリ」がそれにあたります。

「ヤフオク！」は商品を売りたい人が値付けをして出品し、期間内にもっとも高い値段をつけた人が落札して、購入できるしくみです。15歳から一部制限付きで入札・落札ができ、20歳になるまでは保護者の同意が必要です。

「メルカリ」は商品を売りたい人がつけた値段で、買いたい人が買うしくみです。スマホでかんたんに出品・購入できること、化粧品や雑貨など安価な商品が多数出品されていることから、若い層にも人気です。メルカリでは保護者の同意があれば、年齢制限はありません。

ヤフオク！もメルカリも、金銭や商品の取り引きでトラブルが発生しないよう、サービスのしくみを工夫しています。しかし、**ヤフオク！ではブランド品と偽ってコピー商品を売ったり、商品が未発送なのに「発送しました」とうそをついたりする人**もいます。また、メルカリでは売買が成立すると販売価格の10％を販売手数料として支払うほか、振込手数料や支払手数料なども発生するため、**メルカリを通さない「直接取り引き」を持ちかける人**もいます。これはメルカリの規約違反であるうえ、相手に個人情報を渡すことになるため、その後のリスクが心配です。ヤフオクやメルカリでは、**出品者と過去に取り引きした人がつけている評価**を参考にしましょう。

■ ブランド品と偽ってコピー商品を売る

ホントは
パチものだよ、
ヒヒヒヒヒ

ネットオークション
でお買得な
ブランド品の腕時計
を見つけたよ！

高級ブランド時計

¥~~100,000~~

↓

¥10,000

■ 代金を支払っても商品を発送しない

代金を払った
のに商品が
届かないよ……

「商品を発送しました」
というメールだけ

代金を
もらっても商品は
発送しないよ、
ヒヒヒヒヒ

アプリ内課金に
気をつけよう

スマホのアプリには、有料アプリと無料アプリがあります。このうち有料アプリは、表示された金額を支払ってからインストールするタイプと、**インストールは無料でできるけれど、アイテムを購入したり、機能を追加したりする際に料金が必要になる**タイプがあります。

後者のシステムは「アプリ内課金」と呼ばれ、最近のゲームでよく使われています。ゲームを有利に進めるアイテムや、自分のキャラクターを飾るパーツなどを後から買い足すのです。課金しなくてもゲームは続けられますが、ゲーム内のイベントやセールなどにより、アイテムを買いたくなるように誘導されます。アイテムがガチャガチャのように不規則に出現するゲームもあり、欲しいアイテムを購入するまでに、気づけば大変な額の課金をしてしまうこともあります。また、写真加工アプリのスタンプやビジネス系アプリの機能拡張などにも、アプリ内課金は使われています。

無料アプリだから子どもにインストールを許可したのに、あとから課金をされては困りますね。アプリ内課金は1回の金額が安いため、つい2回、3回と繰り返したくなるのも特徴です。このため、後日クレジットカード会社から請求された金額に驚く、という事態になりかねません。なお、**アプリ内課金はスマホの設定で制限する**ことができます。一度設定しておけば、パスワードを知られない限り無断で課金できなくなります。うっかりミスで購入ボタンを押すことも防止できるので、設定しておくことをおすすめします。

無料でインストールできても、プレイを進めていくとお金がかかるゲームアプリが多い

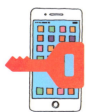

アプリ内課金を制限する設定をしておくと安心

04 クレジットカードの管理はしっかりと

 インターネットでの買い物では、クレジットカードがよく使われます。クレジットカードのしくみをはっきり知らない子どもでも、それがお金の代わりになることは知っているでしょう。

ある小学生の男子が、携帯ゲーム機で課金がしたくて親の財布からクレジットカードを抜き取り、決済画面にカード情報を入力して買い物をしたという事例があります。このとき彼の年齢はまだ7歳。親がクレジットカードを使う様子を見て覚えたのだと思われますが、カードの裏面にあるセキュリティコードまでよく入力できたと感心します。

この事例からわかるように、スマホを扱える年齢であれば、クレジットカードの情報を入力することは容易なのです。一度クレジットカードの情報を登録できたら、その後は同じ情報でかんたんに決済できてしまいます。==親のスマホを子どもに使わせる場合は、カード情報が残っていないか確認==しましょう。文字入力の予測変換に、カード情報が残っている可能性もあります。==子どもにスマホを渡す前に、文字入力の履歴を削除する==と安心です。

なお、子どもが勝手にクレジットカードで買い物をした場合、「未成年者契約の取消し」という法律によって、代金の支払いを無効にできる場合があります。ただし、親がクレジットカードの管理責任を怠ったと解釈されるなど、取り消しできないケースもあります。==子どもにはクレジットカードのしくみを教え、カードの情報を入力する画面が表示されても絶対に入力しない==こと、==有料アプリや課金を利用したい場合は親に相談する==ことを言い聞かせておきましょう。

クレジットカードの管理責任は所有者＝親にある

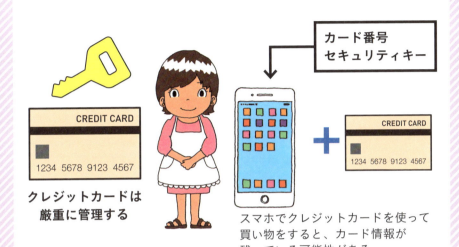

カード番号
セキュリティキー

**クレジットカードは
厳重に管理する**

スマホでクレジットカードを使って
買い物をすると、カード情報が
残っている可能性がある

CLEAR!

スマホを渡す前に、カード情報が残っていないことを確認する

ネットのお金は 親が払うようにしよう

 さまざまなリスクを考えると、「大学生になるまではネットショッピングは禁止！」といいたいところですが、ネットでしか手に入らないものもたくさんあります。筆者の知り合いの女子高生は、大好きなアーティストのCDを予約購入するためにネットショッピングを利用するそうです。そのアーティストのサイン入りグッズが欲しかったときは、メルカリを利用したとのこと。**代金の支払いは「コンビニ払い」にして、自分のお小遣いから支払っている**そうです。

コンビニ払いとは、購入した商品が手元に届いてから、同封されている支払票を使って、コンビニのレジで代金を支払う方法です（代金の支払い後に商品を発送する場合もあります）。子どもにとって身近な存在であるコンビニで、安全に支払うことができるおすすめの方法です。ただし、コンビニ払いが利用できないショッピングサイトもあるので、その場合は親のスマホで決済して、子どもから代金をもらうとよいでしょう。

また、**プリペイドカードも安全な支払い方法**です。お小遣いで買える範囲のプリペイドカードなら、ゲームへの課金やLINEスタンプの購入など、子どもは好きなように使わせると喜びますね。プリペイドカードはコンビニや量販店で1000円、3000円というように金額単位で販売されているので、使いたいストアのプリペイドカードを購入します。ただし、お小遣いやお年玉を無駄遣いしないよう、**プリペイドカードを購入するときは親に断るか、親と一緒のときに買う**よう約束しておきましょう。

コンビニ払い
購入した商品が届いてから、
同封の支払票を使ってコンビニで支払う

振込取扱票

プリペイドカード
コンビニなどで購入した
プリペイドカードを利用して
支払いをする

親が決済する
親が支払いをして、
子どもから代金をもらう

決済

ライブ配信は「投げ銭」システムがある

　最近、インターネットでは「ライブ配信」が流行しています。ライブ配信とは動画サイトなどから生中継できる機能で、「YouTube Live（ユーチューブライブ）」や「LINE LIVE（ラインライブ）」などのプラットフォームで視聴や配信ができます。ライブ配信の内容は、テレビ番組さながらの企画でタレントが出演するものから、普通の女子高生のおしゃべりまで、まさに多種多様です。とくに、ゲームのプレイを配信する「ゲーム実況」は男子を中心に人気です。ゲーム配信専門の「Twitch（ツイッチ）」では、プロゲーマーと呼ばれる、ゲームプレイを見せる職業の人も配信を行っています。こうしたライブ配信では、閲覧者と配信者がコメントで交流できるのも魅力のひとつです。

これらのライブ配信システムには、いわゆる「投げ銭」にあたる課金機能があります。かんたんにいうと、配信者に送金して応援できるのです。課金すると配信者にその場で伝わるので、名前を出してお礼をいわれたり、ほかの閲覧者より優越感に浸れたりと、何らかの特典があります。課金の金額は数百円から数万円までさまざまで、送金した金額が閲覧者にわかるケースもあります。

課金システムは、配信者にとってはさらにコンテンツを作る資金を得られるありがたいしくみですが、閲覧者にとっては射幸心をあおられ、キリがなくなる可能性があります。ライブ配信者は子どもに人気が高いため、何度も課金したがるかもしれません。==子どもと一緒にライブ配信を見て、課金するか判断したり、課金そのものを制止==したりするといいですね。

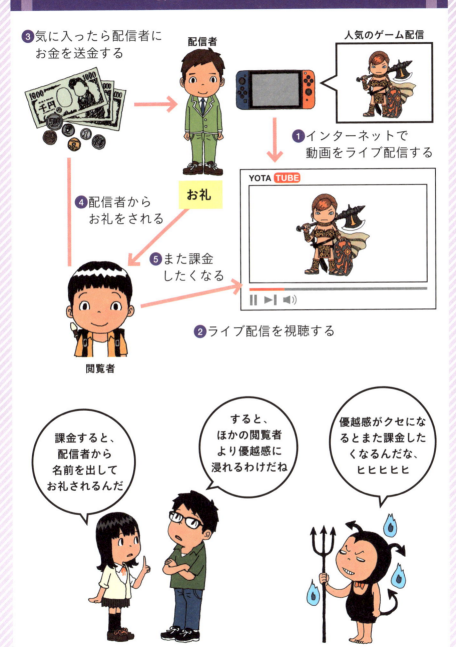

❸気に入ったら配信者に
お金を送金する

配信者

人気のゲーム配信

❶インターネットで
動画をライブ配信する

YOTA TUBE

お礼

❹配信者から
お礼をされる

❺また課金
したくなる

❷ライブ配信を視聴する

閲覧者

課金すると、
配信者から
名前を出して
お礼されるんだ

すると、
ほかの閲覧者
より優越感に
浸れるわけだね

優越感がクセにな
るとまた課金した
くなるんだな、
ヒヒヒヒヒ

対策案 1
子どもに金銭感覚をつけさせる

子どものころは、家にはお金がいくらでもあると考えている節があります。親はうまくやりくりしているから今の生活ができていることを伝えて、**お小遣い帳をつけさせる**と、お金の使い方を考えるようになります。もしアプリの課金を許すなら、いくら課金したかも事細かにつけさせるようにしましょう。ひと月ごとにお金の使い方を振り返らせると、反省点を認識することができます。

家の手伝いをアルバイト制にする方法もあります。小学生なら「お風呂そうじ1回50円」など取り決めると、LINEの有料スタンプを買うには何回そうじをしなければならないのか、など算数の勉強にもなります。

子どもにお金の使い方について考えさせる

■家の手伝いをアルバイト制にする

お風呂そうじ
1回につき、
アルバイト代として
お小遣いを50円
アップします！

■お小遣い帳をつけさせる

日 付	品 目	金 額
11月1日	LINEスタンプ	100円
11月8日	アプリ内課金	150円
11月15日	マンガ	580円
11月18日	LINEスタンプ	100円
11月20日	アプリ内課金	150円
11月26日	マンガ	680円

今月は
LINEスタンプを
2つ買ったから、
お風呂そうじ
4回分

アプリ内
課金は2回で、
お風呂そうじ
6回分か…

対策案2
親も無駄遣いしないようにする

いくら子どもに「課金するな」「ネットショッピングするな」といっても、親がゲームのアイテムをどんどん買ったり、ネットで無駄な買い物をしたりしているようでは説得力がありません。

親は苦労して働き、お金を稼いでいるのですから、ある程度は好きに使えるのは当たり前です。しかし、子どもが一定の年齢にならないと、それを理解してもらうのは難しいと思います。==子どもが小さいうちは親も覚悟を決めて、正しいお金の使い方を見せる==ようにしましょう。

子どもの無駄遣いを防ぐため親が手本を見せる

・むやみな課金はダメ！
・ネットショッピングは禁止

■ 親が無駄遣いをすると…　　　　　■ 親が手本を見せると…

ぼくには禁止してるのに…

ママは化粧品とかいろいろ買ってズルいよ！

お金は大切！

無駄遣いはいけないね！

注意する親がだらしないと効果はありません！

子どもに手本を見せることが大切です！

格安スマホを
子どもに持たせたい

子どもがスマホを欲しがったとき、安全と同時に気になるのが料金でしょう。MMD研究所の調査によると、大手携帯電話会社の月額料金の平均は7,876円（2017年）とのことです。両親と子ども2人でスマホを持つとなると、ひと月の総額は3万円を越えます。

そこで、安さが魅力の「格安スマホ」を検討する人も多いでしょう。格安スマホとは、大手携帯電話会社よりも安価な料金で利用できるスマホです。通信を行う「格安SIM」だけを購入することもできます。中古のスマホがあるなら、SIMだけを差し替えれば使うことができるのです。前述の調査では、格安SIMユーザーの月額料金は平均2,957円で、かなり割安です。携帯電話会社のメールアドレスを移行する必要のない人なら、特に問題なく移行できます。

格安スマホや格安SIMは非常に多くの会社が販売していますが、大半はフィルタリングには未対応なので、別の会社が提供するフィルタリングのサービスと一緒に利用すると安心です。また、取り扱っているスマホの機種、家のプロバイダーとペアで使った場合の割引サービスの有無なども確認するとよいでしょう。LINEやYouTubeなどのデータ通信量をカウントしない会社もあります。なお、迷ったときは親子で同じスマホにすると、トラブル時にサポートできる可能性があります。

ちなみに、筆者の娘は中古のiPhoneと格安SIMでスマホデビューしました。通話以外はほぼWi-Fiでの使用なので回線の遅さも問題にならず、快適に使えていますよ。

第5章

ネットのやり過ぎと
マナーについて
考えよう!

今いいところだから
もう少しだけ…

もー
ちょっとで
ステージ
クリア…

ダメっ!!
コックさんが
一生懸命作ってくれたのに
お料理が冷めちゃうでしょ

ちえっ…

いつかはるとも
自分のスマホを
持つんだから
少しずつマナーを
覚えなきゃダメよ

さ、早く食べましょ

いただきまーす

「いつか」と言わず
今日から始めません？

はむっ♪

ブッ!!

鈴木さん!?

せっかくだから、食後に
スマホのマナーについて
お話しましょうか？

デザートでも
いただきながら…
ここ、タルトが
有名なんですよ♪

は、はぁ…

すみません！
デザートメニュー
くださいー！

この人
自分が食べたい
だけなんじゃ…

01
スマホのやり過ぎを
予防するには？

「うちの子、最近はスマホばかりいじってるけど大丈夫なのか？」……子どもにスマホを持たせると、ほとんどの親がそう感じるでしょう。2017年にデジタルアーツ株式会社が発表した調査によると、小学生から高校生までの子どもがスマホを利用する時間は、1日平均3.2時間でした。ここ数年の推移を見ると、これは増加傾向にあるそうです。また、スマホを利用する時間帯でもっとも多いのは18時から21時です。家でゆっくりしているこの時間帯は、大人もついスマホを触りたくなりますね。

一方、外出中はスマホに集中する時間は少なくなります。そこで、==子どもがスマホをやり過ぎていると感じたら、日中は外に連れ出して==みましょう。とくに、休日に朝からゲーム三昧になっている場合は、日中に家族で出かけることで、ゲーム以外のものに目を向けさせるきっかけにもなるので一石二鳥ですね。

問題は深夜です。友だちとの LINE が盛り上がって会話から抜けられなくなった、続けて動画を見ていたらやめられなくなったなど、睡眠時間を削ってスマホに向かってしまう傾向があります。成長過程にある子どもたちが睡眠不足では、体によいはずがありません。また、夜は宿題や試験勉強をする時間でもあります。スマホを見ながら勉強しても集中できないでしょう。

そこで、==家でスマホを利用してよい時間を決めて、時間を過ぎたらリビングのスマホ置き場に戻す==など、物理的にスマホと距離を置くルールを決めてはいかがでしょうか？　しかし、高校生には年齢的に難しいルールなので、寝坊や遅刻が増えるなど、スマホが原因で日常生活に支障が出たときだけの約束にするといいですね。

スマホと物理的に距離を置くようにしよう

子どもがスマホを利用する時間は長くなる傾向がある

■ 携帯電話／スマートフォン：1日の平均利用時間

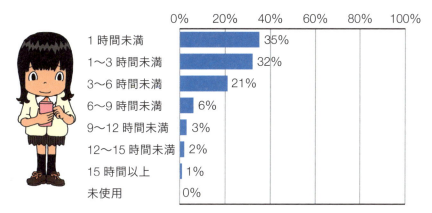

1 時間未満	35%
1〜3 時間未満	32%
3〜6 時間未満	21%
6〜9 時間未満	6%
9〜12 時間未満	3%
12〜15 時間未満	2%
15 時間以上	1%
未使用	0%

※第10回未成年者と保護者スマートフォンやネットの利用における意識調査（デジタルアーツ株式会社）より

スマホを使う時間を決める

決められた時間を過ぎたらスマホをスリープ状態にして、所定の場所に戻す

休日の日中は外出する

スマホやゲーム以外のものに目を向けさせるきっかけにする

07
歩きスマホは
本当に危ない

歩きながらスマホを使う「歩きスマホ」は、スマホの普及とともに問題になっています。東京消防庁が2017年2月に発表したデータによると、「歩きながら」「自転車に乗りながら」スマホを使っていたことが原因の事故による救急搬送は193人だそうです。

歩きスマホの事故は「人やモノ、自転車などにぶつかる」というものが最も多く、そのあとに「ころぶ」「落ちる」が続きます。ほとんどが軽症とのことですが、中には駅の階段やホームから転落した例もあり、大事故につながる可能性も十分にあります。イヤホンで音楽を聴きながらの歩きスマホとなると、周囲にはほとんど注意を払えなくなるでしょう。歩きスマホを含めて、何かをしながらスマホを使う「ながらスマホ」では、自分だけでなく相手に怪我を負わせる危険性があります。たとえば、「ポケモンGO」が流行った2016年、スマホを見ながらトラックを運転して、小学生をはねて死亡させた事故がありました。運転手はスマホを一瞬操作したつもりでも、実際は前方不注意のまま長い距離を走ったと考えられます。子どもの場合は、自転車に乗りながらスマホを見るときが危険です。条例で、自転車の運転中に携帯電話やスマホを使うことを禁止している都道府県もあります。

外出中に「ちょっとだけLINEに返信したい」というようなときは、必ず人の邪魔にならない場所に立ち止まって返信するよう、子どもに注意しておきましょう。とくに、電車通学の場合は人混みでのスマホ利用が多くなります。歩きスマホをしないことは、自分の身を守るだけでなく、誰かを傷つけないためにも大切なことです。

歩きスマホはやめよう！

歩きながらスマホを使うと、事故や怪我のリスクがある

外出時にスマホを使う場合は、
人の邪魔にならない場所に立ち止まって操作する

お店の商品を
撮影しちゃダメ

 SNS時代のいま、人気の店でおいしいものを食べたら、写真を撮って投稿したくなりますね。でも、ちょっと待ってください。店内の張り紙などに「撮影禁止」と書かれていないでしょうか？

それが商業目的でなければ、お店の中にあるものを撮影しても、基本的に罪に問われることはありません。ただし、ディスプレイの陳列をライバル企業に知られたくないなど、==お店側の事情で撮影を拒否している場合が==あります。撮影して大丈夫か心配なときは、==お店の人に「写真を撮ってもいいですか？」「ブログやSNSに投稿しても大丈夫ですか？」と確認==しましょう。同じように、洋服屋で試着した写真を撮っている人もいます。この場合は、試着室を使うほかのお客さんに迷惑をかけている可能性があります。

スマホのカメラをメモ代わりにしている人もよく見かけます。覚えておきたい情報があるとき、サッと撮影するだけで文字や画像を記録できる、とても便利なワザですね。しかし、本屋に並んでいる書籍や雑誌のページをめくって撮影するのはどうでしょうか？　本人は立ち読みと変わらない感覚かもしれませんが、==お金を払わずに本の情報だけを得るため、このような行為は「デジタル万引き」と呼ばれて問題に==なっています。

また、本を撮影すること自体は違法でなくても、インターネットで公開すると本の売れ行きに影響する可能性があり、著作権法違反になる場合があります。SNSでは書籍や雑誌の一部を撮影した写真が回ってくることがあります。それを見た子どもは、悪いことだとは考えないかもしれません。写真撮影のマナーや著作権について、折を見て話しておくといいですね。

お店での写真撮影は要注意！

店内の商品をむやみに撮影したり、撮影した写真をブログやSNSにアップロードしてはいけない

店頭の書籍や雑誌のページを撮影することはデジタル万引きになる

All about PROGRAMMING

カシャ！

カシャ！

お店側も撮影されると困るものがあるもんね

お店で撮影するときは店員さんに確認しよう

04 スマホのマナーを知っておこう

前ページで触れたように、スマホの使い方によっては人に迷惑をかけることがあります。たとえば、静かに食事を楽しめるレストランで、大きなシャッター音を鳴らしながら撮影を繰り返す人がいたとします。このとき、「あの人は写真が好きなんだな」としか感じない人もいれば、「シャッター音がうるさくて、せっかくの食事が台なしだ！」と不快に感じる人もいるでしょう。考え方は人それぞれですが、子どもには周囲を不快にさせないスマホの使い方を教えたいものです。

映画館や劇場、美術館、病院など、==スマホの電源を切るように促される場所では電源を切りましょう==。親が率先して行動すれば、子どもも自然と身につけます。子どもたちは通話より LINE や Twitter を利用する傾向がありますが、もちろん電車内での通話も控えましょう。これに加えて、==電車内で音楽を聴くときの、イヤホンからの音漏れにも注意==を払いましょう。

静かな場所では、スマホから発生する音は迷惑になります。そのような場面では==「サイレントモード」に設定する==と、通知音もバイブレーションの振動も鳴らなくなります。シャッター音については、==シャッター音がない「無音カメラアプリ」を利用する==方法もあります。イヤホンからの音漏れは、音漏れしにくい高品質のイヤホンを使うと激減します。サイレントモードの設定方法はスマホによって異なりますが、通常は音量ボタンやステータスパネルから設定できます。

なお、食事中にスマホをいじる、友人と一緒にいるときずっとスマホを操作しているなど、使いすぎで相手を不快にさせる場合もあります。子どもと外食をする際などにたしなめてみましょう。

こんな場所ではスマホから出る音に注意！

飛行機

レストラン

コンサート会場

病院

映画館・劇場

美術館・博物館

サイレントモードにすると、着信音やバイブレーションの振動が鳴らなくなるよ

写真は無音カメラアプリを使う方法もあるね

無音カメラアプリの悪用（盗撮）は違法です！

05 写真に人の顔が 写っていませんか？

 スマホがいつも手元にあるということは、常にカメラを持ち歩いているということです。子どもは大人が考えているよりもずっと気軽に、スマホで写真を撮影しています。友達と写真を撮ることは、子どもにとって遊びの1つなのです。

撮影した写真に、周囲の人が写ってしまうこともあります。このとき、<mark>個人を認識できる写真は「肖像権の侵害」になる可能性</mark>があります。肖像権は自分の顔や姿を勝手に撮影されたり、公表されたりしない権利です。プロの写真家も、街で見かけた人を撮影する「ストリートスナップ」では肖像権に注意します。他人が写った写真をSNSなどに公開するには、写った人に許可をもらうか、個人を特定できないように加工する必要があります。

また、友人と一緒に撮影した写真をSNSに投稿することで、トラブルになる場合もあります。たとえば、別の友達からの誘いを断ってつき合ってくれた子や、ネットに顔出しをしないよう親から注意されている子は、証拠の写真をSNSで公開されては困りますよね。友達と遊びに出かけて撮影した写真はみんなに見せたくなるものですが、<mark>写真を公開する前に顔を出してよいかを本人に確認する</mark>よう、子どもに話しておきましょう。

なお、<mark>複数の友だちで撮影した写真の中に1人だけ顔出しできない子がいる場合は、かわいいスタンプで顔を隠す、強めにぼかしを入れる</mark>などの加工をする方法があります。これは、知らない人が写真に写りこんでしまった場合にも有効な手段です。スタンプやぼかし、モザイクを入れるには「画像加工アプリ」が便利です。お子さんのスマホにインストールしてあげてください。

顔にモザイクをかける

撮影した写真に
ネットでの顔出しが
できない人が
写っていたら……

スタンプで顔を隠す

スマホに
画像加工アプリを
インストールして
おくと便利だよ

対策案 1

公共の場所では迷惑にならない設定にする

公共の場所では、スマホを**マナーモードにしてバイブレーションのみ**にしておきます。また、カメラ撮影OKな場所でも、シャッター音で雰囲気を台無しにすることがあります。**Androidは機種によってはシャッター音を消せるので、鳴らないように設定**しましょう。シャッター音を消せない機種やiPhoneの場合は、**シャッター音が鳴らないカメラアプリ**（たとえば「Microsoft Pix」など）を使うといいですね。

電車内でのイヤフォンの音漏れも問題になりやすいので、小さめの音で聞くように指導するか、音漏れしにくいイヤフォンを買ってあげましょう。

公共の場ではマナーモードに設定する

Android スマホのマナーモード　　　iPhone のマナーモード

ステータスバーを下方向にドラッグして表示する「ステータスパネル」や〈設定〉アプリからオン／オフを設定する。音量は本体右横または左横の「音量ボタン」でも設定できる

本体側面にある「着信／サイレントスイッチ」でオン／オフを切り替えできる。音量は本体側面にある「音量ボタン」でも変更できる

対策案2
子どもと話し合ってルールを決める

ネットでやっていいこと、いけないこと、ときどき親がスマホをチェックすること、約束を守らなかったときの罰則など、**スマホを使ううえでのルールを子どもと話し合って決めましょう**。そこで決めたルールを紙に書いてリビングの壁などに貼っておくと、忘れにくくなります。その際、「スマホのルールを決める理由」を子どもにしっかり話して、「決めたルールを守る責任」を自覚させるようにしましょう。具体的なルールについては、P.144からの「家族で使うスマホ＆ネットのルール 12選」を参照してください。

また、**決めたルールは子どもの成長に合わせて見直す**ようにしましょう。たとえば、「高校生になったらスマホを使う時間は自分で管理する」という具合です。

スマホのルールは子どもと話し合って決める

伊東家スマホのルール
一. パスコードを変更しない
二. スマホは22時以降は使用しない
三. 中学生の間は機能制限をかける
四. 知らない人とメールやSNSをしない
五. 言葉遣いは正しくする
六. 勉強中はゲームをしない

話し合って決めたルールだから、必ず守るね！

我が家では、スマホを使うときはこのルールを守ること！

「インスタ映え」に
走る怖さ

Twitter や Facebook など、ほかの SNS にはなかった独特な用語が
Instagram には生まれました。それが「インスタ映え」です。インスタ
映えとは、Instagram に投稿すると「いいね」がたくさん集まりそうな
オシャレな写真を指す言葉です。カラフルな綿菓子や派手な装飾をした
大きなパフェ、どうやって食べていいのか悩むようなてんこ盛りのロー
ストビーフ丼など、飲食店もこぞって Instagram への拡散を狙ったメ
ニューを出しています。

しかし、インスタ映えを重視するあまり、通常のメニューよりも量が多
くなり、食べきれないケースもあるようです。たとえば、大きなアイス
クリームがゴミ箱に捨てられた画像が SNS で拡散されました。そのほ
かにも、美しい風景を撮るために危険な場所に立ち入ったり、スーパー
のショッピングカートに入ったりと、インスタ映えを意識しすぎること
でルール違反を犯す人たちが出てきました。子どもに人気の東京ディズ
ニーランドでも、インスタ映えする背景で写真を撮るため座り込んだ
り、入ってはいけない場所に立ったりして写真を撮る人たちがいます。
「うちの子は Instagram をやってないから」という方もいるかもしれま
せんが、インスタ映えする写真は LINE のタイムラインにも投稿されま
す。もし、子どもが「いいね」欲しさに危ない行動をしていたら、はっ
きり注意しましょう。「いいね」は本当に「よい」と思って押している
とは限らず、適当に押されていることも多いことを説明してあげてくだ
さい。「いいね」の数に惑わされてマナー違反をするなんて、あとから
振り返ると恥ずかしくなるはずです。

第**6**章

著作権や
セキュリティに
気をつけよう!

パパ見て！
アイドルKくんの
画像！！

ゆきちゃんが
くれたんだ♪
カッコいいよ
ねー♡

ふーん
そんなにいいか
コイツ？

これなら
パパの若い頃の
方が…

パパ…
**張り合おうっ
たってムダ**だよ

……

さっそく
LINEのプロフに
設定っと♪

…なぁあおい
ゆきちゃんはその画像を
どこから持ってきたんだ？

ネットで
拾ったんだって！

ユキちゃん
やさしい～♥

この前は
雑誌に載ってた
Kくんを撮影して
送ってくれたんだよ

あのな…
雑誌の写真を
撮影して送るのは

著作権法違反なんだぞ

えっ
ダメなの？

じゃあ
**画像を加工
すれば大丈夫**
ってこと？

ネットの画像や文章には著作権がある

 インターネットには有名なキャラクターや、かわいいイラストなどの画像があふれています。「ダウンロードして、SNSのプロフィール画像に使おう」と思うもしれませんが、その前に、「著作権」や「肖像権」について考えましょう。

著作権とは、いわゆる著作物を支配して利益を得る権利のことです。画像の著作権は作成した人が所有しています。ダウンロードした画像ファイルはよく「ネットで拾った」「落ちていた」と表現されますが、「著作権フリー」「フリー画像」などと明記されていなければ、著作権法違反に問われる可能性があります。無料で画像を配布するサイトやアプリでは、ユーザーが投稿した著作権法違反の画像が掲載されることがあります。ディズニーなどのキャラクターや芸能人の顔を加工した画像は、加工した人も投稿した人もほぼ違反です。公式サイトでファン向けに配布されるフリー画像なら OK です。

肖像権とは、自分の顔や姿を勝手に撮影・公開しないよう主張する権利です。たとえば、ダウンロードした画像に芸能人が写っていたら、それは肖像権の侵害にもなるかもしれません。

画像だけでなく、文章、動画、音楽にも著作権はあります。「○○さんのポエムをコピーして SNS に投稿した」「ニュースサイトの文章をコピーしてブログに載せた」などの行為は、悪気はなくても著作権法違反です。これらの作者は長い時間をかけて考え、調べて文章を書いています。自分が考えた文章を無断で使われるのは、プロとして活動している大人でもいやな気持ちになるものです。

自分で撮影した写真を加工したり、思いついた詩をメモしたりして、**著作権や肖像権を侵害しない自分だけのモノ**を作りましょう。

ネット上にあるものは「保存できるから使ってよい」のではない

文章

音楽

写真

動画

■ 著作権法に違反すると……

10年以下の懲役、
または1,000万円以下の罰金、
あるいは両方

著作権法違反の
刑罰は重いよ、
ヒヒヒヒヒ

ブログや SNS に
投稿するのは
違反だね

ネット上には
著作権や肖像権で
保護されたものが
たくさん
あるんだよ

133

02 こんなものをネットに アップしちゃダメ

2010年、名古屋市の男子中学生が発売前のマンガを YouTube に投稿したとして、逮捕される事件がありました。マンガの誌面を撮影し、その写真をつなげた動画を公開していたそうです。中学生が著作権法違反で逮捕されたというニュースは、かなり話題になりました。しかし、その後も雑誌の誌面を画像にして配布する人のニュースが後を絶ちません。

「雑誌に載っていたアイドルの写真がかっこいいから」と、スマホで写真を撮影して Twitter に公開したら、それは違反になります。同じく、CD アルバムのジャケットを撮影して、「プリ画」などの画像投稿サイトに投稿してはいけません。

著作権は動画にもあります。テレビ番組を録画して YouTube に投稿することは違反です。YouTube で「著作権侵害の申し立てにより削除されました」と表示される動画がありますが、これは著作権を所有するテレビ局が YouTube に申請したため削除されたのです。また、自分で作成した動画であっても、プロの音楽家が作った曲を BGM にして公開することは違反です。違反を繰り返すと、YouTube からアカウント停止などの措置を受けます。これは「MixChannel（ミックスチャンネル）」など、ほかの動画投稿サイトでも同じです。BGM はサービス側が用意した音楽を使いましょう。

ネットには著作権侵害にあたる事例がたくさん見られます。大人でも、何がいけないのか判断できない場合があります。文化庁の Web サイト（http://www.bunka.go.jp/）に年齢に合わせた著作権教材があるので、参考にするとよいでしょう。

他人が書いた文章

雑誌やCDジャケットに載っていた写真

新聞や書籍・雑誌の誌面

他人が作成した音楽

テレビ番組を録画した動画

みんながやっていても、違法なものは違法なんだね

オリジナルの画像や動画を加工して投稿するのもアウトだよね

違法ダウンロードに
気をつけよう

 見たかった映画や好きなミュージシャンの音楽データがネットにアップされていたら、つい喜んでしまうかもしれません。無料でダウンロードできれば、数千円が浮きますからね。こうした映像や音楽の「海賊版」は、誰かが違法コピーして作ったものです。このような行為により、映像や音楽を作った人たちの収入は減ってしまいます。

ところで、違法コピーを作った人が罰せられるのはわかりますが、それをダウンロードした人はどうでしょうか？ **違法に配信されたものだと知りながらダウンロードする行為は「違法ダウンロード」と呼ばれ、刑罰の対象**になります。たとえ個人的に利用する目的であっても、違法ダウンロードしたものを自分のパソコンに保存すると、刑罰として「2年以下の懲役または200万円以下の罰金（またはその両方）」が科せられます。

中高生に人気がある音楽アプリには、楽曲をダウンロードする機能が搭載されているものがあります。海外で作られたこれらのアプリは、主にYouTubeなどから楽曲をダウンロードして聴かせます。アプリを配信するストアで何度も削除されていますが、すぐに類似アプリが登場するのできりがありません。ダウンロードすればデータ通信量の節約になると、愛用している子どもが多いのですが、違法になることをしっかり教えてください。

スマホで音楽を聴くなら、月額料金に学割を設けている定額制の音楽サービスがあります。しかし、好きなミュージシャンを応援するなら、CDを買うことが一番だと教えてあげるのもいいですね。

違法ダウンロードは刑事罰の対象になる

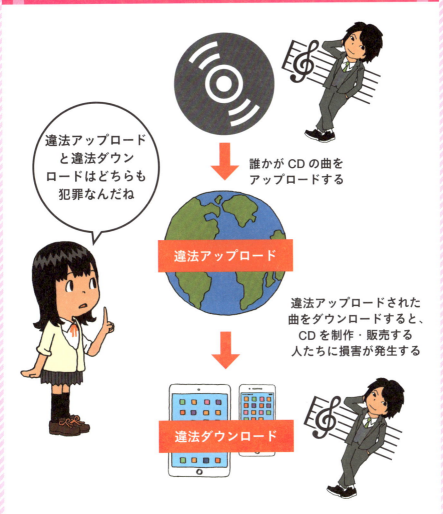

違法アップロードと違法ダウンロードはどちらも犯罪なんだね

誰かが CD の曲をアップロードする

違法アップロード

違法アップロードされた曲をダウンロードすると、CD を制作・販売する人たちに損害が発生する

違法ダウンロード

■ 違法ダウンロードをすると……

２年以下の懲役、
または200万円以下の罰金、
あるいは両方

違法ダウンロードの刑罰は重いよ、ヒヒヒヒヒ

04
安易なパスワードは危ないよ

「パスワードは人に教えないもの」というのは、大人にとって常識です。しかし、子どもは秘密を共有するのが大好きです。仲よしの友達にはパスワードを教えたり、友達とパスワードをそろえたりしてしまいます。中高生になって彼氏や彼女ができると、スマホのロックを解くパスコードを相手の誕生日にする例もあります。それが"愛の証"なのかもしれませんが、ちょっと心配ですね。なぜなら、人間の関係性は時間とともに変化することがあるからです。スマホは個人情報のかたまりです。もし、==自分のパスワードを知っている人が悪意を持つと、スマホを覗かれたり、SNSのアカウントにログインされたりする可能性==があります。友だちのTwitterアカウントに勝手にログインして、「乗っ取りました」とふざける行為が時折見かけられますが、他人のアカウントに無断でログインする行為は「不正アクセス行為の禁止等に関する法律（不正アクセス禁止法）」により逮捕される可能性があります。

2014年にはゲームアプリ「パズル＆ドラゴンズ（通称パズドラ）」で他人のアカウントを乗っ取ってゲームしたとして、少年2人が書類送検されました。本人たちがどこまで罪を理解していたのかわかりませんが、ゲーム感覚でログインを試しているうちに、たまたまパスワードがわかったのかもしれません。

==パスワードは他人に推測されにくいものにする==こと、==サービスごとにパスワードを変える==ことは大切です。この点は、大人も気をつけなければいけませんね。

誕生日やニックネームなどをパスワードにすると推測されやすい

安易なパスワードを設定すると……

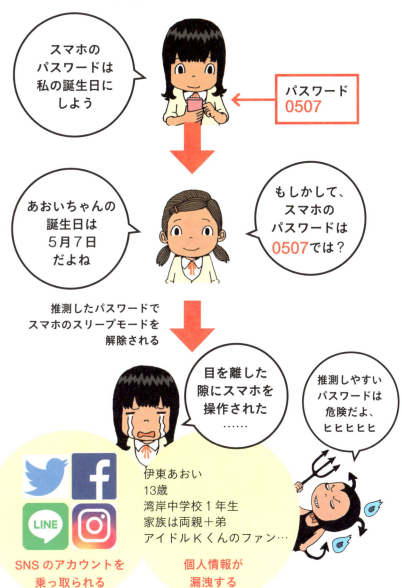

139

05 アンケートやバトンに気をつけよう

中高生が大好きな「バトン」という遊びがあります。これは自分の好きな食べ物やペットの名前など、100近くある質問に回答して、次に答える人を指名します。自分のことを友達に知ってもらえるうえに、友達の意外な一面を知ることができるため、LINE や Twitter で盛んにやりとりされます。

しかし、このような行為はあまり安全とはいえません。というのは、**質問の回答がアカウントなどのパスワードを推測するヒントになる可能性がある**からです。「パスワードはまったく関係のない英数字にしているから大丈夫」という場合でも、**バトンの回答に「秘密の質問」の回答を書いてしまう可能性がある**ので安心できません。

「秘密の質問」とは、パスワードを忘れたときにあらかじめ登録していた質問に答えることで、本人確認を行うしくみです。悪意のある知り合いが、アカウントを乗っ取るためにログイン ID になっているメールアドレスを入力し、「パスワードを忘れました」をクリックして「秘密の質問」に答えると、本人であると認識されてしまうかもしれないのです。

同じく、「占いサイト」も危ないケースがあります。占いサイトでは本名や生年月日、メールアドレスなどの個人情報を入力させますが、これらが名簿を売る業者に流出してしまう可能性があります。知らない人にいきなり聞かれても答えないことでも、占いに使うとなれば抵抗を感じないものです。**自分に関する情報をネットに出すときは、どんな些細なことでも気をつける**よう、お子さんに教えてあげましょう。

バトンの回答からパスワードや秘密の質問の答えを推測される危険がある

名前：水野ふみえ
生年月日：2004年6月6日
出生地：埼玉県さいたま市
家族構成：父、母、姉、自分
ペット：金魚が7匹
好きな食べ物：肉巻きおにぎり
座右の銘：寝る子は育つ

ツイート

名前：宇野原まさひこ
生年月日：2004年7月8日
出生地：神奈川県橋本市
家族構成：父、母、自分、妹
ペット：じゃまお（ペルシャ猫）
好きな食べ物：ラーメン、焼き肉
座右の銘：天井天下唯我独尊

パスワードや秘密の質問の答えが隠れていそうだな、ヒヒヒヒヒ

ツイート

名前：伊東あおい
生年月日：2004年5月7日
出生地：千葉県浦安市
家族構成：父、母、自分、弟
ペット：かめ吉、ピーコ（オカメインコ）
好きな食べ物：鳥のから揚げ
座右の銘：そのうちなんとかなるだろう

141

対策案 1
セキュリティソフトを導入する

うっかりウイルス感染してしまうと、周囲の人にも迷惑をかけることになります。スマホのセキュリティ性を高めるためには、**ウイルス対策やファイアウォール機能があるセキュリティソフトやアプリの導入**が有効です。

もっとも手軽なのは、携帯電話会社が提供しているセキュリティ関連のオプションに加入することや、無料アプリをインストールすることです。パソコンも含めて利用するなら、有償のソフトウェアが安心です。シマンテック社の「ノートンインターネットセキュリティ」やトレンドマイクロ社「ウイルスバスター」は、複数台のパソコン、スマホ、タブレットで利用できるセキュリティソフトです。無償で利用できる期間があるものが多いので、試しに使ってから購入するかを決めることができます。

スマホのセキュリティ性を高めるには？

**携帯電話会社のオプションに
加入する**

携帯電話会社のオプションで、ウイルスの感染を防いだり、スマホがウイルスに感染していなかスキャンするサービスが用意されている（画面は「ドコモあんしんスキャン」）

**セキュリティソフトを
インスールする**

市販のセキュリティソフトは一定期間だけ無償で利用きるものが多い（画面はシマンテック社の「ノートンモバイルセキュリティ」のWebサイト）

対策案2

乗っ取られたときは運営元に連絡する

SNS アカウントを乗っ取られてしまったときは、サービスの運営元に連絡します。少し時間を要することもありますが、もとのアカウントを取り戻せるケースもあります。

運よくアカウントを取り戻せたら、さらなる乗っ取りを防ぐために、同じメールアドレスやパスワードを使っているサービスはすぐパスワードを変更しましょう。また、乗っ取りの犯人はあなたとつながっているほかの人にも狙いを定めます。被害が広がらないように、別の連絡手段で「いま○○アカウントを乗っ取られている」と伝えておきましょう。

SNS のアカウントを乗っ取られたら？

Twitter の
アカウントを
乗っ取られ
ちゃった！

あおいちゃんの
ふりして恥ずかしい
ツイートを
してやるぜ、
ヒヒヒヒヒ

サービスの運営元に
連絡する

同じメールアドレス・
パスワードを使っている
サービスはパスワードを
変更する

アカウントが乗っ取られた
ことを、知り合いに
別の連絡手段で伝える

家族で使うスマホ&ネットの
ルール12選

子どもにスマホを持たせると決めたら、その前に我が家のスマホルールを決めましょう。

「実際に使わせてみないと、我が子がどんな使い方をするのかわからない」とお考えになるかもしれません。しかし、何か問題が起きるたびに次々とルールを設けるようでは、子どもは納得しませんし、親もストレスが溜まります。

平成28年2月に内閣府が発表した「平成27年度 青少年のインターネット利用環境実態調査」を見ると、家庭で「利用時間等のルールを決めている」と答えている人は、小学生で31.1％、中学生で32.4％です。どちらも3割程度に留まっていますが、なんとなく日常に流されてしまったのか、暗黙の了解で「いわなくてもわかるだろう」と捉えたのか、理由はわかりません。トラブルを防ぐ手立てがあるのに、実践しないのはもったいないと感じます。

2012年、米国マサチューセッツ州に住むジャネル・ホフマンさんが13歳の息子グレゴリー君にはじめてのiPhoneをプレゼントするとき手渡した「スマホ18の約束」は、全米で反響を呼び、日本でも大いに話題になりました。

このWebサイトには、「これは私が買った、私の電話です。あなたに貸します」「パスワードは私が管理します」「いつかあなたは失敗するでしょう。そのとき、私はあなたの電話を取り上げます。新たなスタートに向けて私たちは座って話し合いましょうね。私はあなたのチームメイ

トですよ」などの取り決めが18項目挙げられています。

スマホに関する主導権は親にあることを明確にして、かつ親は常に子どもの味方であることも伝える素晴らしい内容です。しかし、これらの項目は米国の事情に合わせた内容なので、そのまま日本で利用することは困難です。

筆者の場合は、娘が中学校に入学するときにスマホを持たせました。その際に約束したのは、次の5つです。

「GREGORY'S IPHONE CONTRACT」
http://www.janellburleyhofmann.com/
postjournal/gregorys-iphone-contract/#.
WYqS7FGrSbg

①パスコードは変えない

スマホは「あくまでも親が貸し与えている」という感覚を持たせること、スマホで親に見られたら困ることをしてはいけないと認識させることを目的に、このような約束をしました。だからといって、常に子どものスマートフォンを見ることはしませんが、普段の様子がおかしいときはチェックできるようにしています。

②スマートフォンの利用は22時まで

お子さんをお持ちの方ならおわかりになるかと思いますが、部活や塾が終わって一息つく夜の時間は、友達とのグループチャットが盛り上がったり、いつまでも動画サイトから離れられなかったりと、スマートフォンに向き合ったままになりやすいものです。

そこで「スマホ22時まで」と時間で区切ることで、成長期の子どもの睡眠時間を確保できます。子どもたちも「親と約束した時間になったか

ら」という理由で、気まずくならずにチャットから離れられるというメリットもあります。

③中学生の間は「機能制限」をかける

我が家では「Twitter を利用するのは高校生から」と決めました。友人と連絡を取るために LINE は許可しましたが、Twitter は知り合い以外にも情報が広く拡散してしまうツールなので、インターネットの作法をしばらく勉強してからデビューさせます。

また、アプリのインストールや課金、ブラウザの利用も iPhone の機能制限を使って保護者の許可制にしています。

④知らない人とつながらない

閉じている世界に見える LINE でも、グループやタイムラインを通じて知らない人と出会うことがあります。また、「LINE@」という個人アカウントと別に取得できるアカウントと「友だち」になり、交流する人もいます。

スマホを使い始めた子どもは、まだネット越しの相手が安全かどうか判断できる段階ではないと考えられます。このため、実際に会ったことがある人とだけ LINE で友だちになるよう徹底させています。

⑤ネットの言葉遣いに注意する

SNS の交流は文字でのコミュニケーションです。しかも、短文での会話がほとんどを占めるので、自分の真意が相手に伝わらずにトラブルになることも少なくありません。「友達に送る文章は言葉を十分に選ぶべき」という話は、夕食のときなどに何度となく話題にしています。

ご家庭それぞれに考え方があり、子どもにも個性があります。ここで紹介した例はあくまでも筆者の家庭での事例で、参考にしかならないかもしれません。以下に、一般的に取り決めるとよさそうなルールを挙げておきますので、自分たちの暮らしやお子さんの年齢に合わせた内容を親子で話し合い、「〇〇家のスマホルール」を作成してください。

スマホルールの例

1 **スマホの利用時間は22時まで**
*ゲームの利用時間など、アプリごとに決めてもよい

2 **スマホはリビングで使用する**
*トイレや個人の部屋に持ち込まない、寝るときはリビングに置くなど、場所を限定する

3 **本名や学校名、住所などの個人情報を
ネットにアップしない**

4 **親や学校に見られては困るような内容の
写真、動画、文章をネットにアップしない**

5 **人のプライバシーに関する情報をアップしない**

6 **知らない人に会いに行かない**

7 **インターネットでお金を使うときは必ず親に相談する**

8 **スマホにはフィルタリングをかける。
フィルタリングを外す時期は親が決める**

9 **アプリや画像を勝手にダウンロードしない**

10 **人の文章や画像、動画を作成した本人の
許可を得ずに使わない**

11 **スマホのパスワードは親とだけ共有する**

12 **少しでも困ったことや疑問があったら親に相談する**

キャリア別フィルタリングサービス

NTTドコモ、au(KDDI)、ソフトバンクはそれぞれスマホのフィルタリングサービスを提供しています。子どものスマホでフィルタリングサービスを有効にすると、アプリの起動やインストール、Webサイトの閲覧、Wi-Fi通信、通話の相手、スマホを使える時間帯などを制限できます。

■ あんしんフィルター for docomo

NTTドコモのスマホで利用できるフィルタリングサービスです。親のスマホやパソコンから詳細な設定ができるほか、歩きスマホを防止する機能もあります。申し込みは不要で、月額利用料は無料です。利用するには、子どものスマホに「あんしんフィルター for docomo」アプリをインストールして、子どものスマホと親のスマホ・パソコンに保護者のアカウントを設定します。なお、iPhoneは151ページで解説する「機能制限」の設定と併せて利用する必要があります。

あんしんフィルター for docomo の情報

URL https://www.nttdocomo.co.jp/service/anshin_filter/

■ あんしんフィルター for au

au（KDDI）のスマホで利用できるフィルタリングサービスです。子ども の学年に合わせて、フィルタリングのレベルを4段階に設定できます。 申し込みは不要で、月額利用料は無料です。利用するには、子どものス マホで「あんしんフィルター for au」のアイコンをタップしてサービス を開始して（iPhone・iPad はアプリのインストール）、管理者として親 のメールアドレスを登録し、親のスマホ・パソコンで管理者画面から制 限の設定をします。なお、au 版の iPhone は初期設定の過程で「機能制 限」の設定も行われるため、ほかの携帯電話会社のように別途「機能制 限」の設定をする必要はありません。

あんしんフィルター for au（Android）の情報

URL https://www.au.com/mobile/service/smartphone/safety/ anshin-access/

あんしんフィルター for au（iOS）の情報

URL https://www.au.com/iphone/service/anshin/ safety-access-for-ios/

■ あんしんフィルター

ソフトバンクのスマホで利用できるフィルタリングサービスです。子どもの学年に合わせて、フィルタリングのレベルを4段階に設定できます。利用するには、My SoftBank、電話、ソフトバンクショップ、ソフトバンク取扱店などでの申し込みが必要です。子どものスマホに「あんしんフィルター for SoftBank」アプリをインストールし、管理者として親のメールアドレスを登録します。iPhoneは151ページで解説する「機能制限」の設定と併せて利用する必要があります。

なお、ウェブとアプリのフィルタリングは無料で利用できますが、利用時間の管理や利用状況・位置情報の確認などのオプションサービスは月額300円が必要です。

あんしんフィルターの情報

URL https://www.softbank.jp/mobile/service/filtering/anshin-filter/

■ iPhoneの機能制限を設定する

iPhoneでフィルタリングサービスを利用する場合、フィルタリングサービスでは一部の機能を制限できないため、〈設定〉アプリの〈機能制限〉と併用する必要があります。なお、au（KDDI）版のiPhoneはフィルタリングの設定をする過程で機能制限も有効になるため、この操作は必要ありません。

タップする　　　タップする　　　　　　　パスコードを　　　　　　オフに
　　　　　　　　　　　　　　　　　　　　2回入力する　　　　　　する

1 ホーム画面で〈設定〉をタップします。

2 〈設定〉アプリの画面で〈一般〉→〈機能制限〉の順でタップします。「機能制限」の画面で〈機能制限を設定〉をタップします。

3 機能制限を設定するための任意のパスコードを入力します。続いて、同じパスコードを再度入力します。

4 機能制限の操作が有効になるので、利用させたくないアプリをタップしてスイッチをオフにします。ホーム画面に戻ると、スイッチをオフにしたアプリのアイコンは非表示になり、起動できなくなります。

万一に備えて知っておきたい
ネットのトラブル・犯罪の 情報サイト&相談できるサイト

ネットのさまざまなトラブルや犯罪についての
最新情報を提供するWebサイトを見ておくと、
被害の防止に役立ちます。また、被害にあいそうになったとき、
被害にあったとき、ネット依存症になってしまったときに
相談できる窓口を知っておくと、
子どもに万一のことがあった場合でも安心です。

■ インターネット違法・ 有害情報相談センター

ネット上の違法な情報や有害情報についての告知、相談の受け付け・アドバイスなどを行う総務省支援事業の相談窓口です。AV 出演強要や「JK ビジネス」の被害相談も受け付けています。

URL http://www.ihaho.jp/

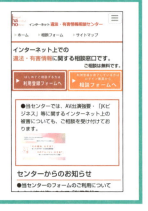

■ 警察庁 ～インターネット安全・安心相談

フィッシング詐欺、料金請求、ネットオークション、掲示板などのトラブルにあったときに通報や相談ができる各種の窓口を紹介しています。ネットのトラブルの事例や、被害にあわないための予防策なども閲覧できます。

URL https://www.npa.go.jp/cybersafety/

■ 法務省～子どもの人権110番

いじめや虐待をはじめとして、親や先生には打ち明けられない悩みを相談できます。相談の方法は子ども用の「SOS-e メール」のほか、大人用のメールの相談窓口も用意されています。電話のフリーダイヤルも利用できます。

`URL` http://www.moj.go.jp/JINKEN/jinken112.html

■ NHK ハートネット
～これって"依存症"？

ネット依存症をはじめ、さまざまな依存症の原因、症例、対策や予防法などの情報が公開されています。依存症になったときの相談窓口や支援機関、リハビリ施設などの連絡先も掲載されています。

`URL` http://www.nhk.or.jp/heart-net/izonsho/

■ 都道府県の警察本部の Web サイト

各都道府県の警察本部の Web サイトには、ネットを悪用したサイバー犯罪についての情報のほか、犯罪の通報や被害の相談をするための窓口があります。もしもに備えて、地元の警察本部の Web サイトを確認しておくと安心です（画面は警視庁の Web サイト）。

`URL` http://www.keishicho.metro.tokyo.jp/smph/

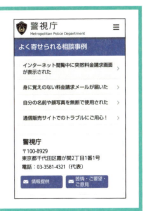

快適・安全に使うために知っておきたい
ネットの問題&マナーの
情報サイト

誰もがネットを気持ちよく利用するためには、
ネットを利用するひとりひとりがマナーやルールを守ることが不可欠です。
また、安心してネットを利用するためには、
ネットにはどんな問題が潜んでいるのか、
どんなことをすると違法なのかを知っておくことも大切です。

■ アンドロイドナビ　スマホの常識！
マナーを守って気持ちよく使おう

「アンドロイドナビ」は Android スマホやアプリなどの情報を発信するサイトです。写真を撮影する場所・対象に気を配る、外でのスマホ閲覧は立ち止まって行うなど、スマホを利用する際のルールをわかりやすく解説しています。

URL https://andronavi.com/2012/07/202391

■ 政府広報オンライン
〜インターネットを悪用した人権侵害に注意！

掲示板や SNS を利用するうえで、どんなことが人権侵害になるのか、人権侵害の被害にあったらどうしたらいいのか、などの情報がまとめられています。人権侵害の被害にあわないため、また自分が加害者にならないために必要なことを解説しています。

URL http://www.gov-online.go.jp/useful/
article/200808/3.html

■ つながる世界の歩き方

いじめ、犯罪、炎上、個人情報の漏洩、悪評、依存症など、ネット上のさまざまな問題の現状や対策についての記事が公開されています。記事はわかりやすくカテゴライズされており、スマホを安全に使うための情報が充実しています。

URL https://tsunaseka.jp/

■ 厳選 刑事事件弁護士ナビ
〜サイバー犯罪に該当する罪名まとめ

弁護士を紹介するサイトですが、サイバー犯罪についての詳しい説明があります。どんなことをするとサイバー犯罪になるのか、サイバー犯罪にはどんな罪状があるのか、サイバー犯罪の被害にあわないためにどんな対策が必要かなど、わかりやすく解説しています。

URL https://keiji-pro.com/columns/114/

■ 携帯電話会社の Web サイト

NTT ドコモ、au、ソフトバンクの Web サイトでは、スマホのマナーやルールについての解説があります。各社の Web サイトのメニューを探すか、「〈会社名〉　スマホ　マナー」「〈会社名〉　スマホ　ルール」などのキーワードで検索してみましょう（画面は NTT ドコモの Web サイト）。

URL https://www.nttdocomo.co.jp/info/manner/

ある日の伊東家の
ティータイム

はじめは
どうなることかと思ったけど
あおいにスマホを持たせて
正解だったわね

あれから何かあると
すぐ相談してくれる
ようになったわ

子どもだけで
出かけるときも
まめに連絡を取れるから
安心だよな

スマホのおかげで
友達との関係も良好
みたいだし…

はるとも
インターネットに
いろいろ興味が
出てきたみたい

パソコン
ほしいって
言い始めたのよ

あいつ
理系っぽいもんな

ちょっと前まで
スマホのことも
ネットのことも
何にも知らなかった
のにね！

我が家が
こんな順調に
IT化できたのは
やっぱり…

でへへ…

もしかして
私のおかげでしょうか？

156

鈴木さんもすっかり
うちの常連ねぇ…

居心地が
いいもんで
つい…えへへ

でも真面目な話
スマホデビューが
成功したのは…

お2人が
しっかりと
子育てを
されたから
ですよ

親子関係が
うまく行ってる――
これはとても
大切なことです

困ったことはすぐ
親に相談する
信頼関係がある

鈴木さんっ…!!

すばらしい
ご家庭です！

ねぇ鈴木さん
駅前のカフェが今日開店だから
ケーキ食べに行きましょ
ご馳走しちゃう！

ええっ
いいんですかぁ♡

え、じゃあ
俺も一緒に…

もうすぐはるとが
帰ってくるから
お父さんは
お留守番してて♪

じゃあ行って
きまーす！

俺も
頑張ったん
だけど
なぁ…

INDEX
索引

【監修者】坂元 章（さかもと あきら）
お茶の水女子大学基幹研究院人間科学系教授。東京大学文学部助手、お茶の水女子大学講師、助教授を経て現職。専門は社会心理学、情報教育。博士（社会学）。「子どもたちのインターネット利用について考える研究会」座長。著書や編書として「メディアと人間の発達」（学文社）、「テレビゲームと子どもの心」（メタモル出版）、「メディアとパーソナリティ」（ナカニシヤ出版）、「社会と情報」「情報と科学」（東京書籍）などがある。

【著者】鈴木 朋子（すずき ともこ）
ITジャーナリスト。iPhone、Android、SNS、Webサービスなど、身近なITに関する記事を中心に執筆している。初心者がつまずきやすいポイントをやさしく解説することに定評があり、入門書の著作は20冊を越える。また、中高生のデジタルカルチャーを追っており、大人が知らないスマホの使い方に詳しい。著書に「今すぐ使えるかんたん文庫　LINE & Facebook & Twitter 基本 & 活用ワザ（技術評論社）」など。

カバー／本文デザイン	TYPEFACE（AD:渡邊民人　D:清水真理子）
マンガ／イラスト	にしかわたく
マンガ原作	鈴木朋子
編集	田村佳則
協力	株式会社NTTドコモ／KDDI株式会社／ソフトバンク株式会社

技術評論社ホームページ　http://book.gihyo.jp/

お問い合わせについて
本書の内容に関するご質問は、下記の宛先までFAXまたは書面にてお送りください。なお電話によるご質問、および本書に記載されている内容以外の事柄に関するご質問にはお答えできかねます。あらかじめご了承ください。

〒162-0846　新宿区市谷左内町21-13　株式会社技術評論社　書籍編集部
「親子で学ぶ　スマホとネットを安心に使う本」質問係
FAX番号　03-3513-6167

なお、ご質問の際に記載いただいた個人情報は、ご質問の返答以外の目的には使用いたしません。また、ご質問の返答後は速やかに破棄させていただきます。

親子で学ぶ　スマホとネットを安心に使う本

2017年11月30日　初版　第1刷発行
2018年 2 月14日　初版　第2刷発行

著者	鈴木 朋子
監修	坂元 章
発行者	片岡巌
発行所	株式会社技術評論社
	東京都新宿区市谷左内町21-13
電話	03-3513-6150　販売促進部
	03-3513-6160　書籍編集部
印刷／製本	大日本印刷株式会社

ISBN978-4-7741-9358-8 C3055　Printed in Japan